一学就会的钩针编织

63款包袋、服饰、家居用品

日本朝日新闻出版社　编著

项晓笈　译

一年四季都能使用的可爱小物

河南科学技术出版社

·郑州·

目录

Item 01

短针草帽

制作方法：P6

这是一款适合所有人的、用短针编织的基本款宽檐草帽。针数不多，不会钩织得过于紧密，可以轻松完成，推荐初学者来尝试一下。图为成人款、儿童款。

设计: 杉山朋　线材: 和麻纳卡ECO ANDARIA

01 短针草帽 图片：P4

★

线	○和麻纳卡 ECO ANDARIA（40g/团）米色（23） 【成人款】110g 【儿童款】75g
针	○和麻纳卡 双头钩针7/0号
其他	○和麻纳卡 边缘定型线（H204-593） 【成人款】11m 【儿童款】7m ○和麻纳卡 热收缩管（H204-605）各5cm ○手缝线 手缝针 ○罗纹缎带 【成人款】宽3.6cm 黑色 145cm 【儿童款】宽2.5cm 蓝色 115cm
钩织密度	短针 ★15针17行=10cm×10cm
完成尺寸	【成人款】头围58.5cm、帽深16.5cm 【儿童款】头围50cm、帽深15cm

●钩织方法

使用1股线钩织。

线头绕成环，钩出7针短针。从第2行开始用短针钩织帽冠，按照图解加针。继续用短针钩织帽檐，按照图解加针，最后包住边缘定型线钩织。用罗纹缎带打结装饰，在缎带上侧缝制几处固定。

★说明：在本书中，“=”意思是“相当于”。“15针17行=10cm×10cm”是指钩织15针、17行完成的织片尺寸为10cm×10cm。

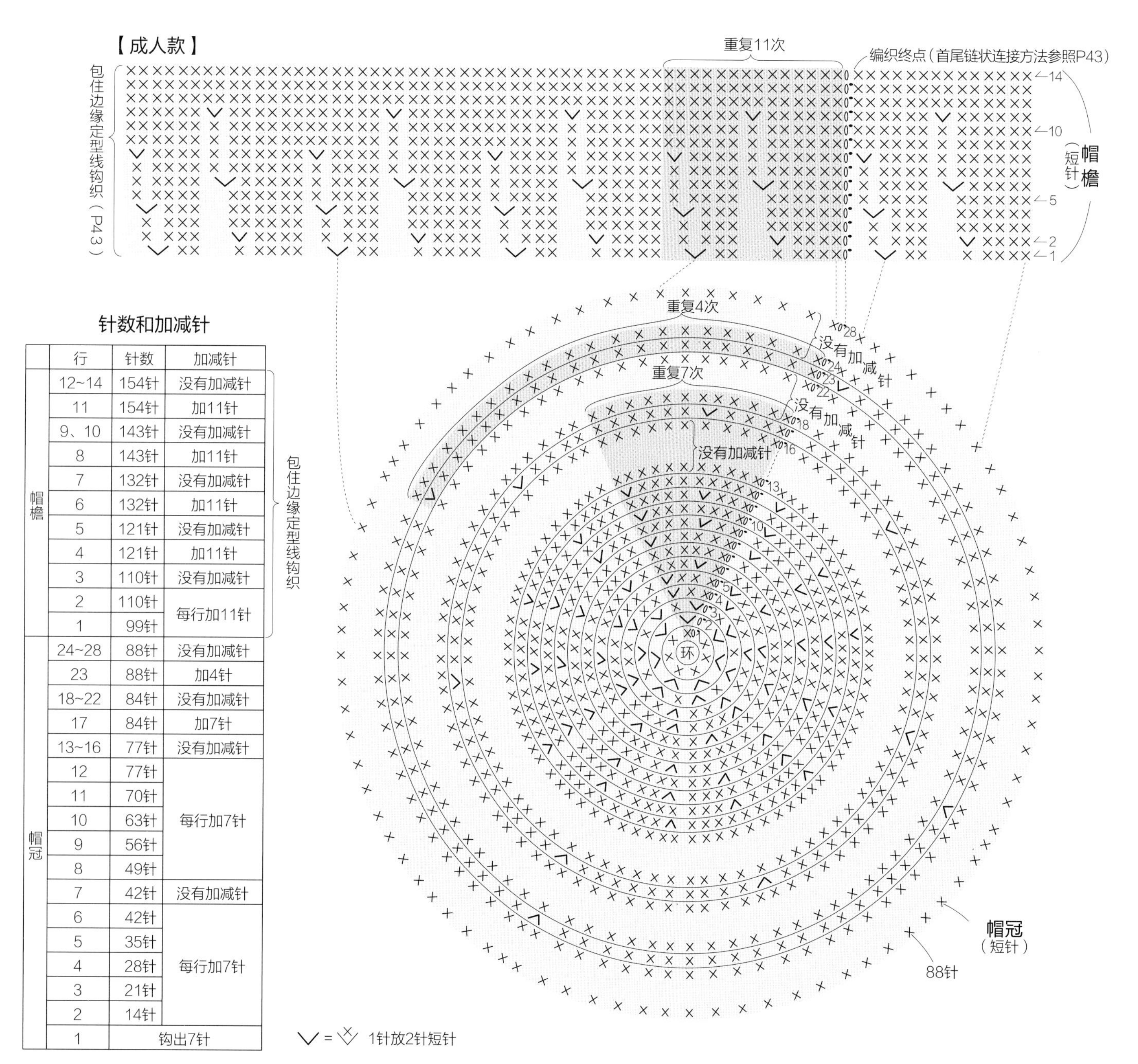

针数和加减针

	行	针数	加减针
帽檐	12~14	154针	没有加减针
	11	154针	加11针
	9、10	143针	没有加减针
	8	143针	加11针
	7	132针	没有加减针
	6	132针	加11针
	5	121针	没有加减针
	4	121针	加11针
	3	110针	没有加减针
	2	110针	每行加11针
	1	99针	
帽冠	24~28	88针	没有加减针
	23	88针	加4针
	18~22	84针	没有加减针
	17	84针	加7针
	13~16	77针	没有加减针
	12	77针	每行加7针
	11	70针	
	10	63针	
	9	56针	
	8	49针	
	7	42针	没有加减针
	6	42针	每行加7针
	5	35针	
	4	28针	
	3	21针	
	2	14针	
	1	钩出7针	

帽檐1~14行：包住边缘定型线钩织

【成人款】

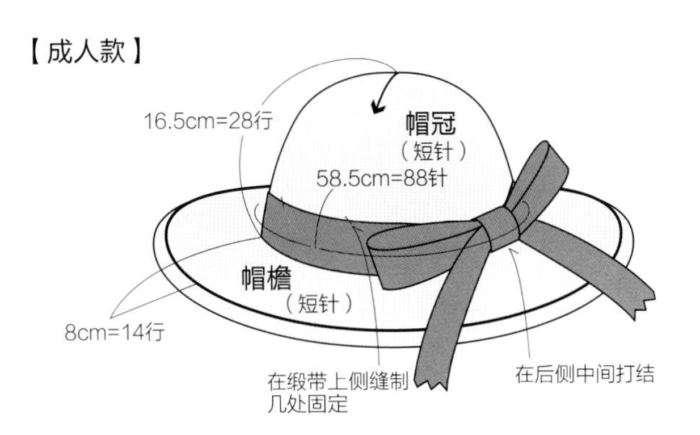

【儿童款】

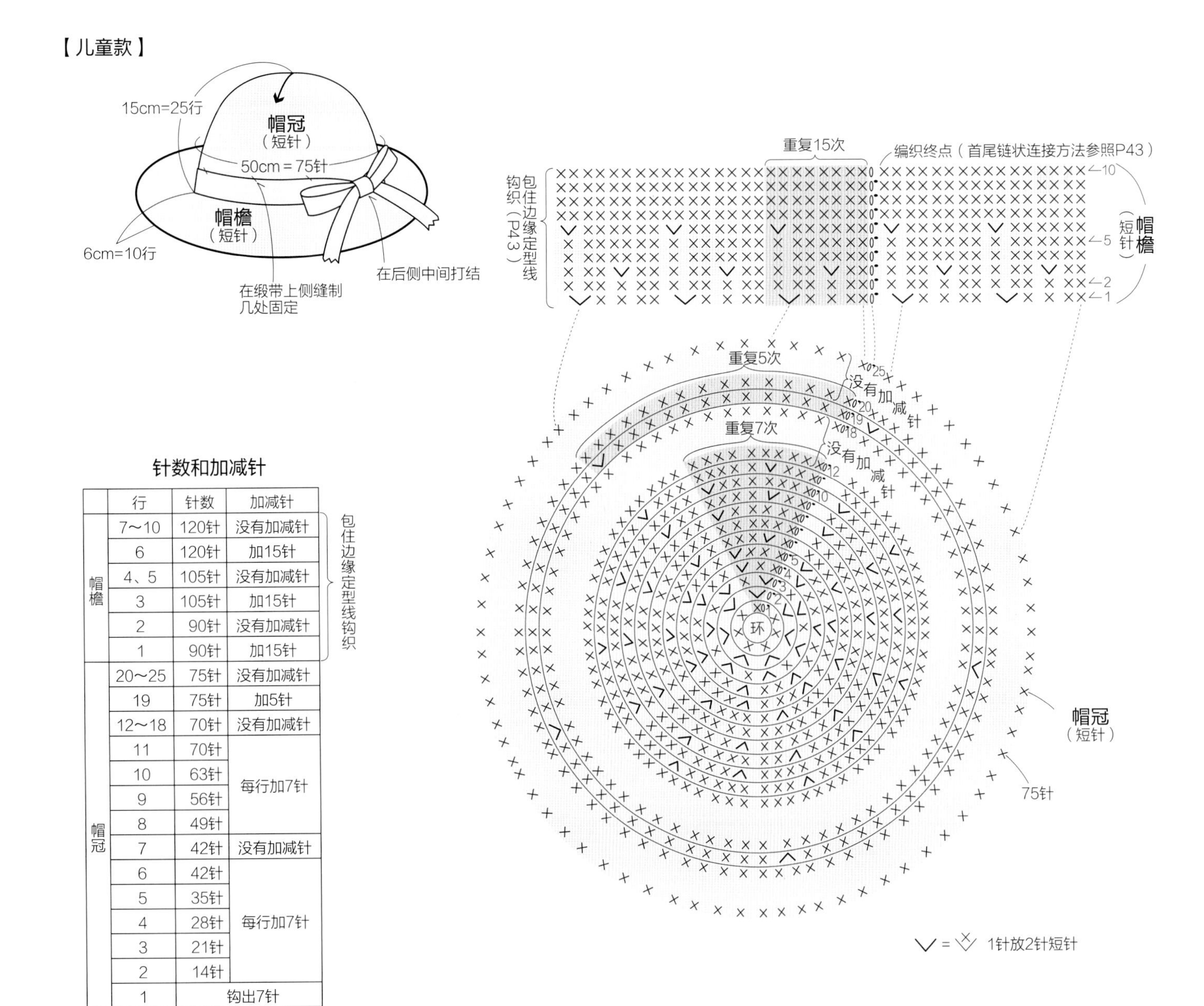

针数和加减针

	行	针数	加减针
帽檐	7～10	120针	没有加减针
	6	120针	加15针
	4、5	105针	没有加减针
	3	105针	加15针
	2	90针	没有加减针
	1	90针	加15针
帽冠	20～25	75针	没有加减针
	19	75针	加5针
	12～18	70针	没有加减针
	11	70针	每行加7针
	10	63针	
	9	56针	
	8	49针	
	7	42针	没有加减针
	6	42针	每行加7针
	5	35针	
	4	28针	
	3	21针	
	2	14针	
	1	钩出7针	

包住边缘定型线钩织（帽檐1～10行）

Item 02

引拔针宽檐帽

制作方法：P10

全部使用短针条纹针钩织，再在针目之间加钩引拔针。这是一种全新的钩织方法。砂米色和棕色温柔和谐，是绝佳的搭配。

设计：河合真弓　制作：关谷幸子　线材：和麻纳卡 ECO ANDARIA (Crochet)、ECO ANDARIA

钩织两片圆形包面，再与侧边拼接起来。恰到好处的镂空感，正是这款作品的魅力所在。可以根据自己的喜好，装饰上鹿皮绳制作的流苏。

设计：桥本真由子　线材：和麻纳卡 ECO ANDARIA

02 引拔针宽檐帽 图片：P8

线	○和麻纳卡 ECO ANDARIA（Crochet）（30g/团）砂米色（802）、棕色（804）各30g ○和麻纳卡 ECO ANDARIA（40g/团）砂米色（169）50g
针	○和麻纳卡 双头钩针5/0号、3/0号
其他	○和麻纳卡 边缘定型线（H204-593）115cm ○和麻纳卡 热收缩管（H204-605）5cm
钩织密度	短针条纹针 19针15行=10cm×10cm
完成尺寸	头围55cm、帽深18cm

●钩织方法

使用1股线钩织。除引拔针外，都使用和麻纳卡ECO ANDARIA（Crochet）线，按照指定的配色钩织。

线头绕成环，钩出8针短针。从第2行开始，用短针条纹针依次钩织帽顶、帽侧和帽檐，按照图解加针。翻到帽子背面，在帽顶、帽侧和帽檐上圈状加钩引拔针，不需要钩织立针。钩织装饰绳，绕帽侧两圈，打结固定。

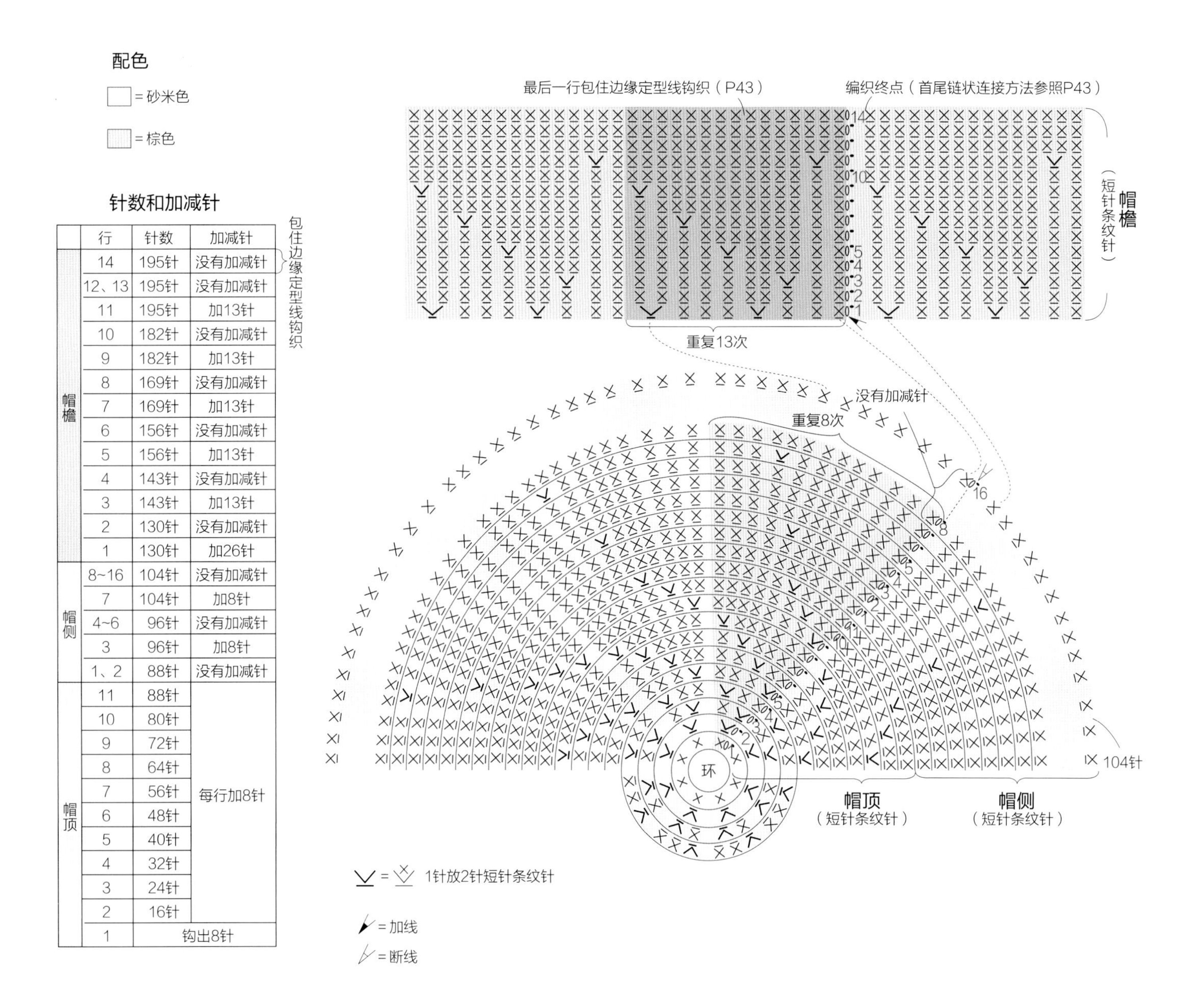

配色

□=砂米色

▒=棕色

针数和加减针

	行	针数	加减针
帽檐	14	195针	没有加减针
	12、13	195针	没有加减针
	11	195针	加13针
	10	182针	没有加减针
	9	182针	加13针
	8	169针	没有加减针
	7	169针	加13针
	6	156针	没有加减针
	5	156针	加13针
	4	143针	没有加减针
	3	143针	加13针
	2	130针	没有加减针
	1	130针	加26针
帽侧	8~16	104针	没有加减针
	7	104针	加8针
	4~6	96针	没有加减针
	3	96针	加8针
	1、2	88针	没有加减针
帽顶	11	88针	每行加8针
	10	80针	
	9	72针	
	8	64针	
	7	56针	
	6	48针	
	5	40针	
	4	32针	
	3	24针	
	2	16针	
	1	钩出8针	

包住边缘定型线钩织（第12~14行）

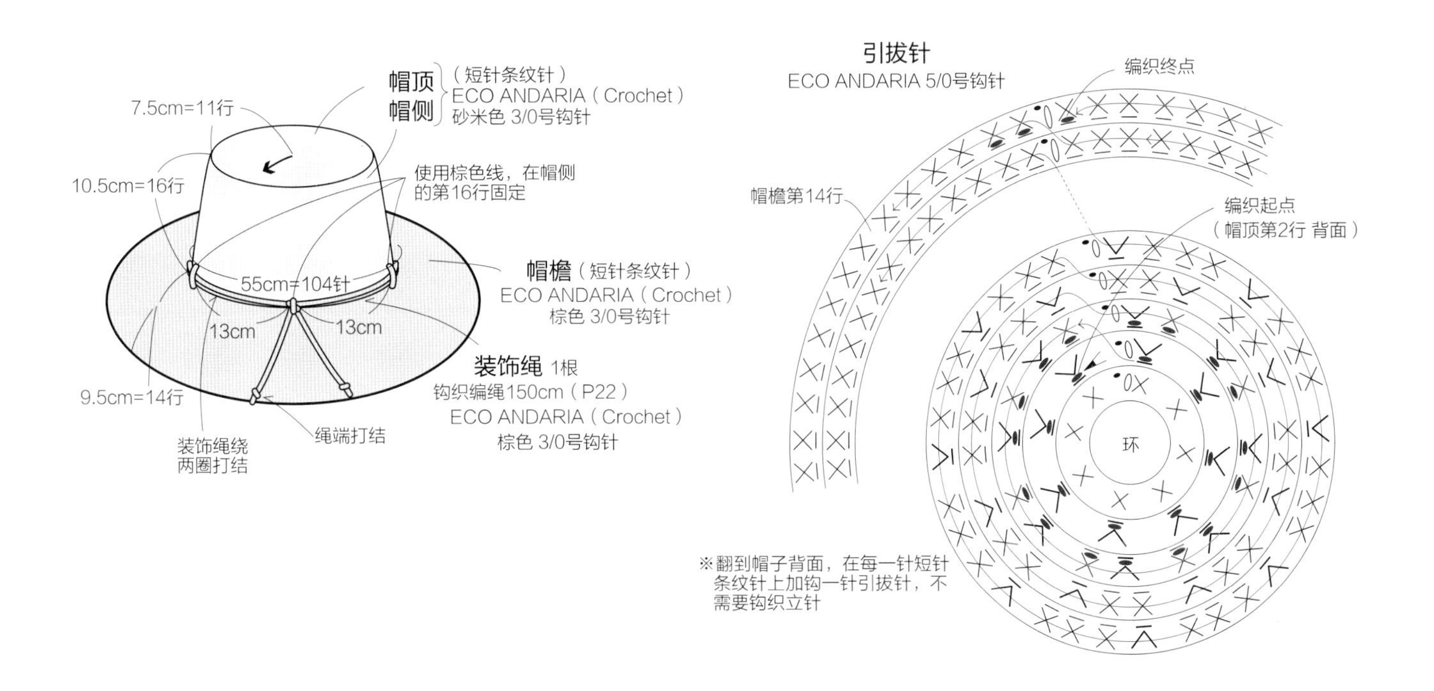

加钩引拔针的方法

＊为了便于理解，步骤1~4换成其他颜色的线进行示范。

1 使用ECO ANDARIA（Crochet）线，按照指定的配色钩织短针条纹针，依次钩织帽顶、帽侧和帽檐。

2 翻到帽子背面。从帽顶的第2行钩出ECO ANDARIA线。

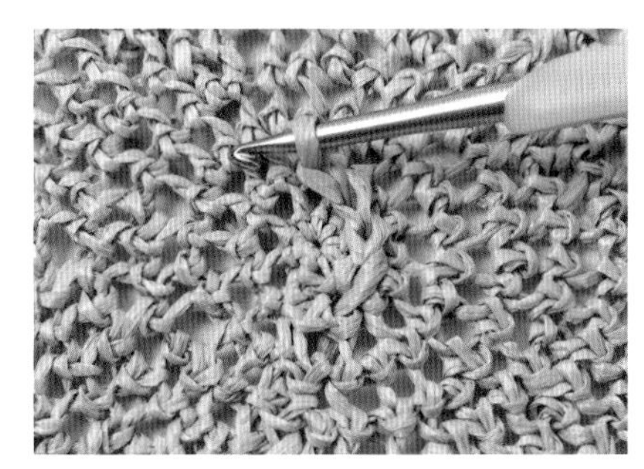

3 在每一针短针条纹针上钩织一针引拔针。

4 换行时不用钩织立针，圈状加钩引拔针即可。此处为帽子背面。

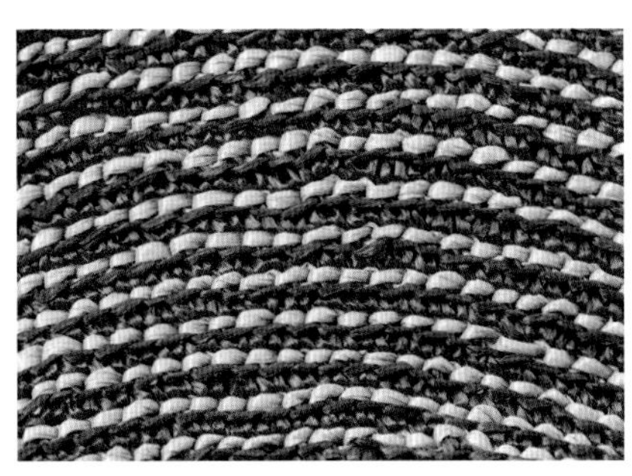

帽檐的正面。露出引拔针里山的样子。

帽檐的背面。

03 圆包 图片：P9

线	○和麻纳卡 ECO ANDARIA（40g/团） 【A】黑色（30）180g 【B】米色（23）240g
针	○和麻纳卡 双头钩针6/0号
其他	○宽0.3cm的鹿皮绳（黑色）450cm ○手缝线 手缝针 ○手工胶
钩织密度	花样 9.5行=10cm 短针 17针16.5行=10cm×10cm
完成尺寸	【A】直径30cm 【B】直径38cm

●钩织方法

使用1股线钩织。

<>内为【B】的针数和行数。除特别指定外，均为【A、B】通用。

侧边钩10针<13针>锁针起针，继续钩织短针，没有加减针。圆形包面，用线头绕成环，钩织花样至第14行<第18行>，按照图解加针。第15行<第19行>钩织短针，在指定位置和侧边重叠拼接。另一片圆形包面也以同样的方法钩织。提手钩100针锁针起针，继续钩织短针。提手缝合于圆形包面内侧。用鹿皮绳制作流苏，装饰在提手上。

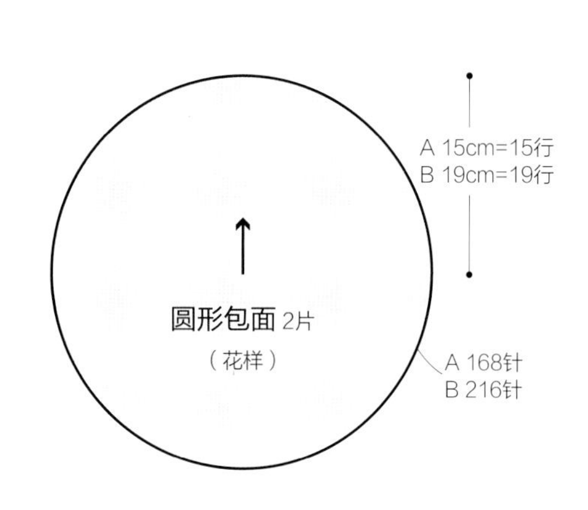

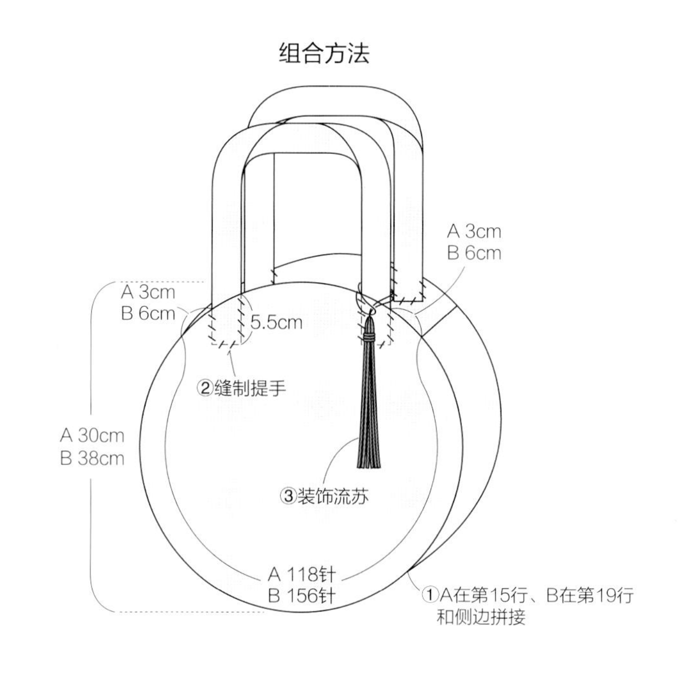

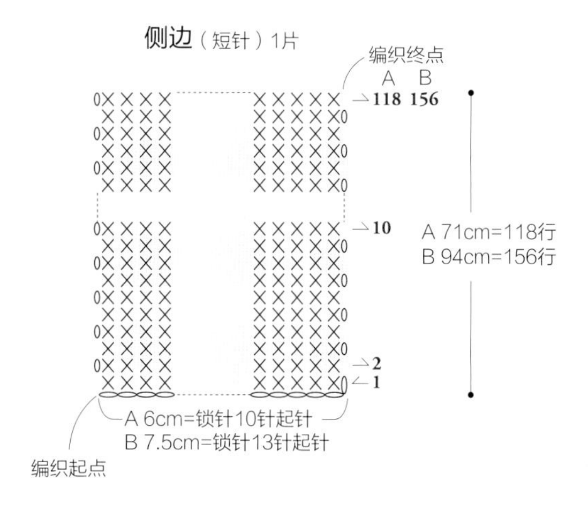

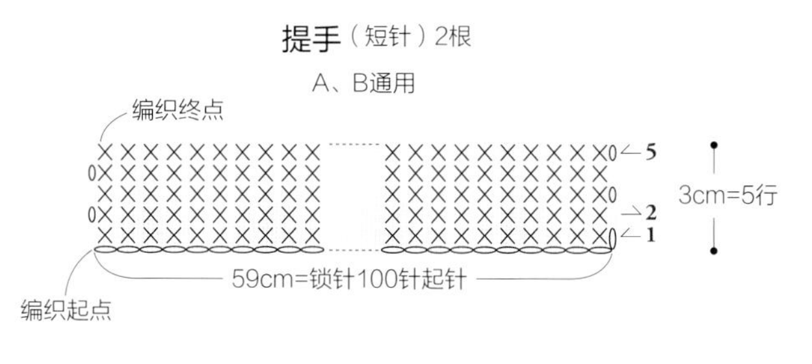

流苏的制作方法

鹿皮绳

35cm…12根 ⎫ 裁剪
25cm…1根 ⎭

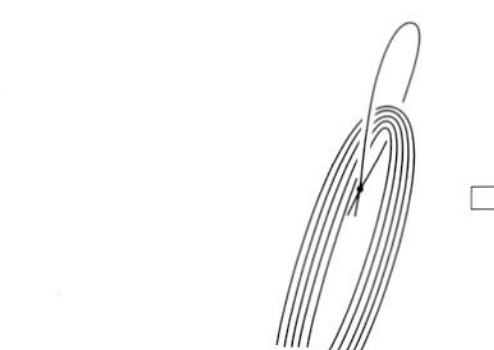

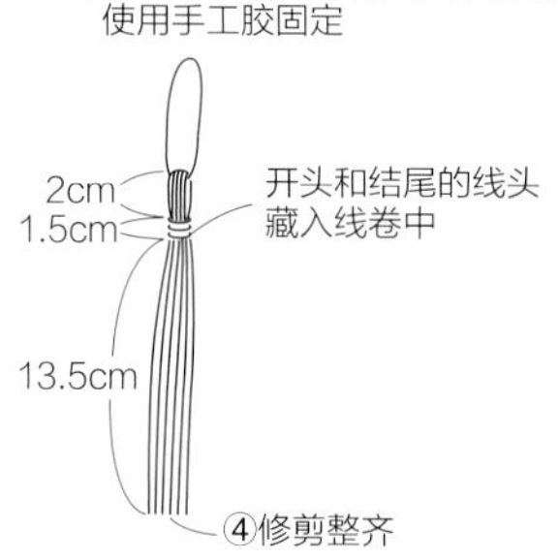

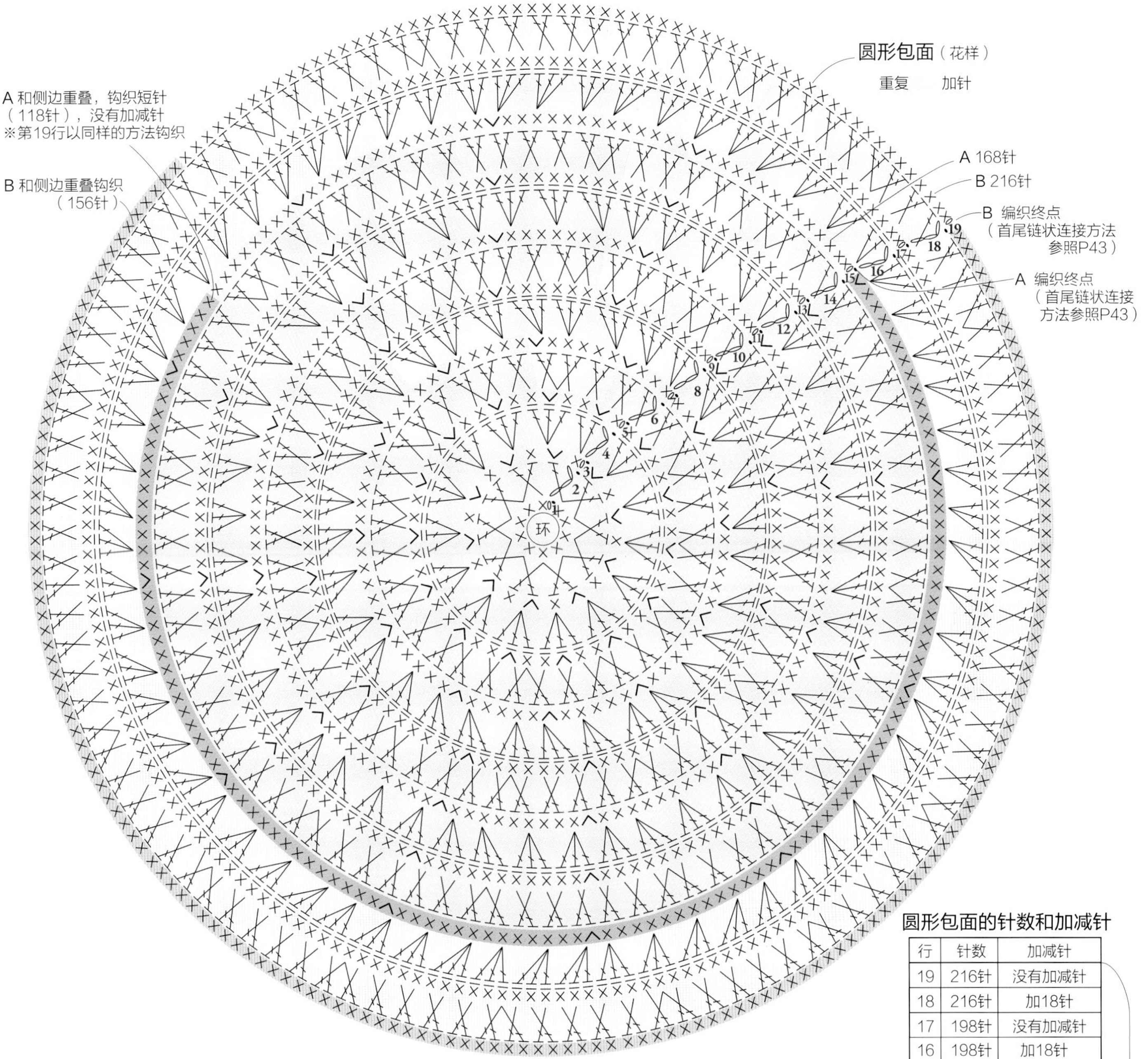

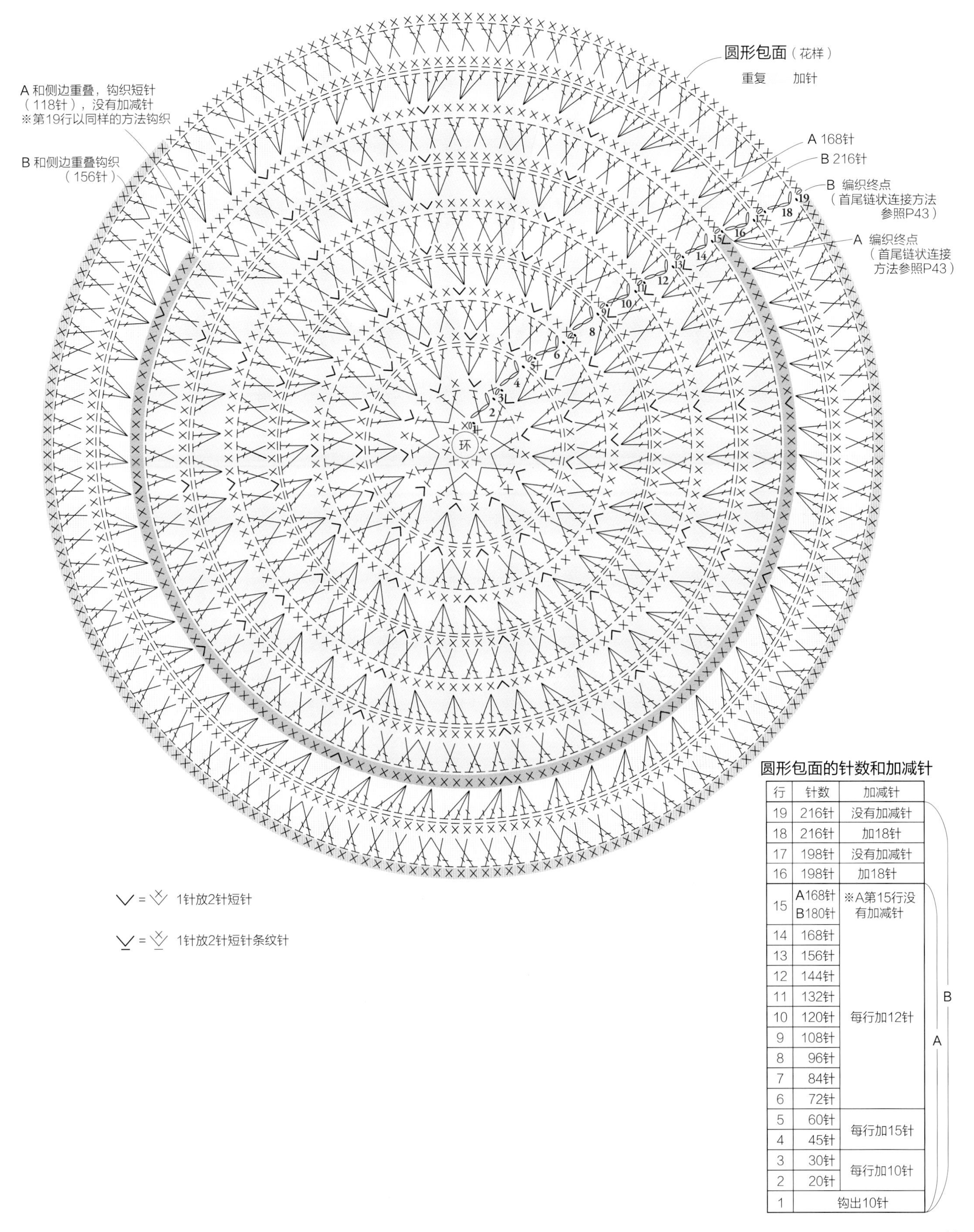

圆形包面的针数和加减针

行	针数	加减针	
19	216针	没有加减针	
18	216针	加18针	
17	198针	没有加减针	
16	198针	加18针	
15	A168针 B180针	※A第15行没有加减针	
14	168针		
13	156针		
12	144针		
11	132针		B
10	120针	每行加12针	
9	108针		A
8	96针		
7	84针		
6	72针		
5	60针	每行加15针	
4	45针		
3	30针	每行加10针	
2	20针		
1	钩出10针		

∨ = 1针放2针短针

∨̲ = 1针放2针短针条纹针

Item 04

交叉短针购物袋

制作方法：P15

交替钩织短针和交叉短针，完成一款包袋。将短针交叉的钩织方法非常凸显立体感，看起来很需要技巧，其实却是非常简单的针法。

设计：桥本真由子　线材：和麻纳卡 ECO ANDARIA

04 交叉短针购物袋 图片：P14

线 ○和麻纳卡 ECO ANDARIA（40g/团）米色（23）220g

针 ○和麻纳卡 双头钩针6/0号

钩织密度 短针 19针=10cm 16行=9.5cm

花样 19针=10cm 6行=4.5cm

完成尺寸 参照图示

●钩织方法

使用1股线钩织。

线头绕成环，钩出7针短针。从第2行开始，用短针钩织底部，按照图解加针。侧面继续钩织花样和短针，按照图解加针。在指定位置加线，钩24行短针做提手。提手两端各留出6行，其余部分用卷针缝缝合。

*花样的钩织方法参照P17。

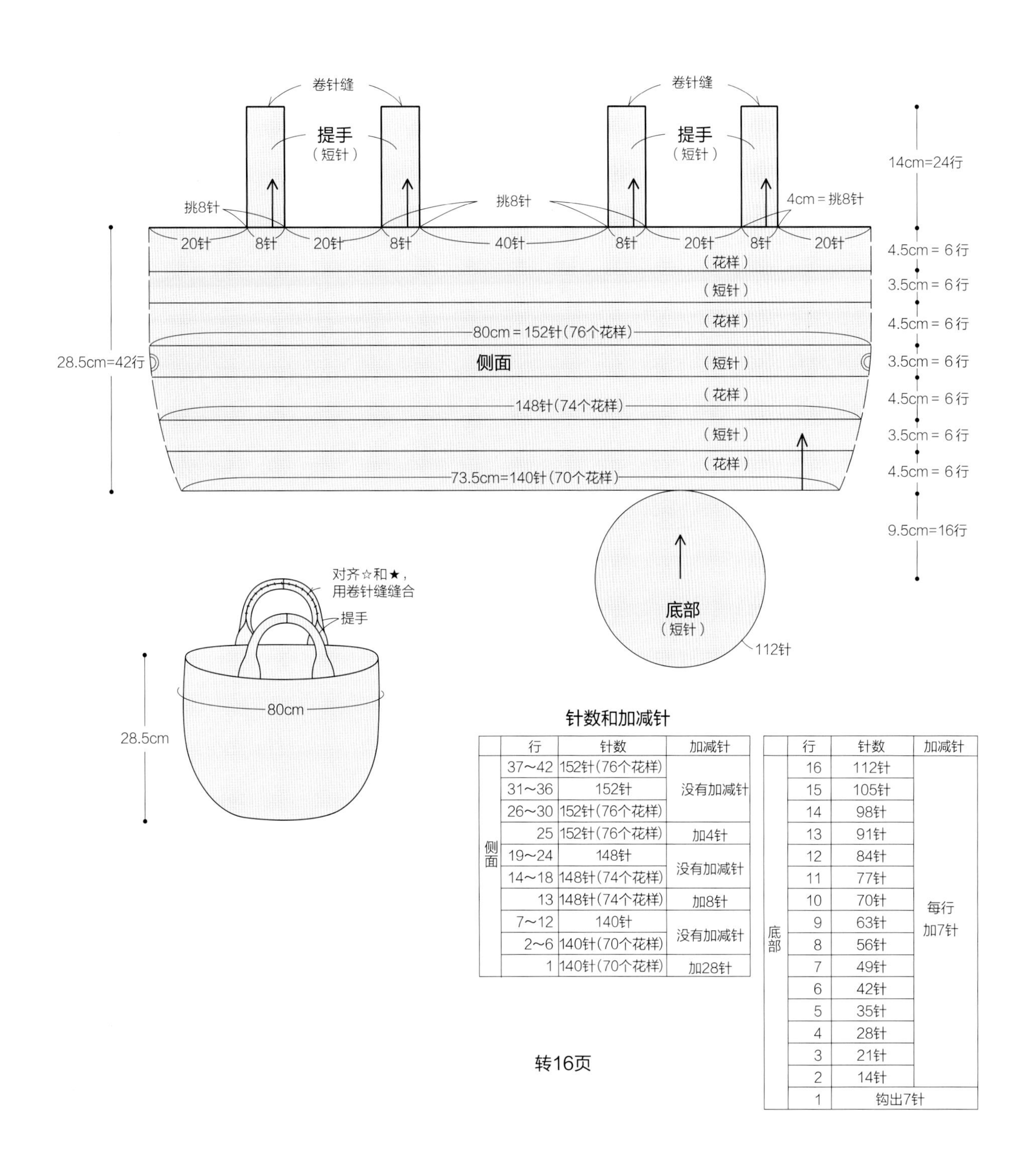

针数和加减针

	行	针数	加减针
侧面	37~42	152针(76个花样)	没有加减针
	31~36	152针	
	26~30	152针(76个花样)	
	25	152针(76个花样)	加4针
	19~24	148针	没有加减针
	14~18	148针(74个花样)	
	13	148针(74个花样)	加8针
	7~12	140针	没有加减针
	2~6	140针(70个花样)	
	1	140针(70个花样)	加28针

	行	针数	加减针
底部	16	112针	每行加7针
	15	105针	
	14	98针	
	13	91针	
	12	84针	
	11	77针	
	10	70针	
	9	63针	
	8	56针	
	7	49针	
	6	42针	
	5	35针	
	4	28针	
	3	21针	
	2	14针	
	1	钩出7针	

转16页

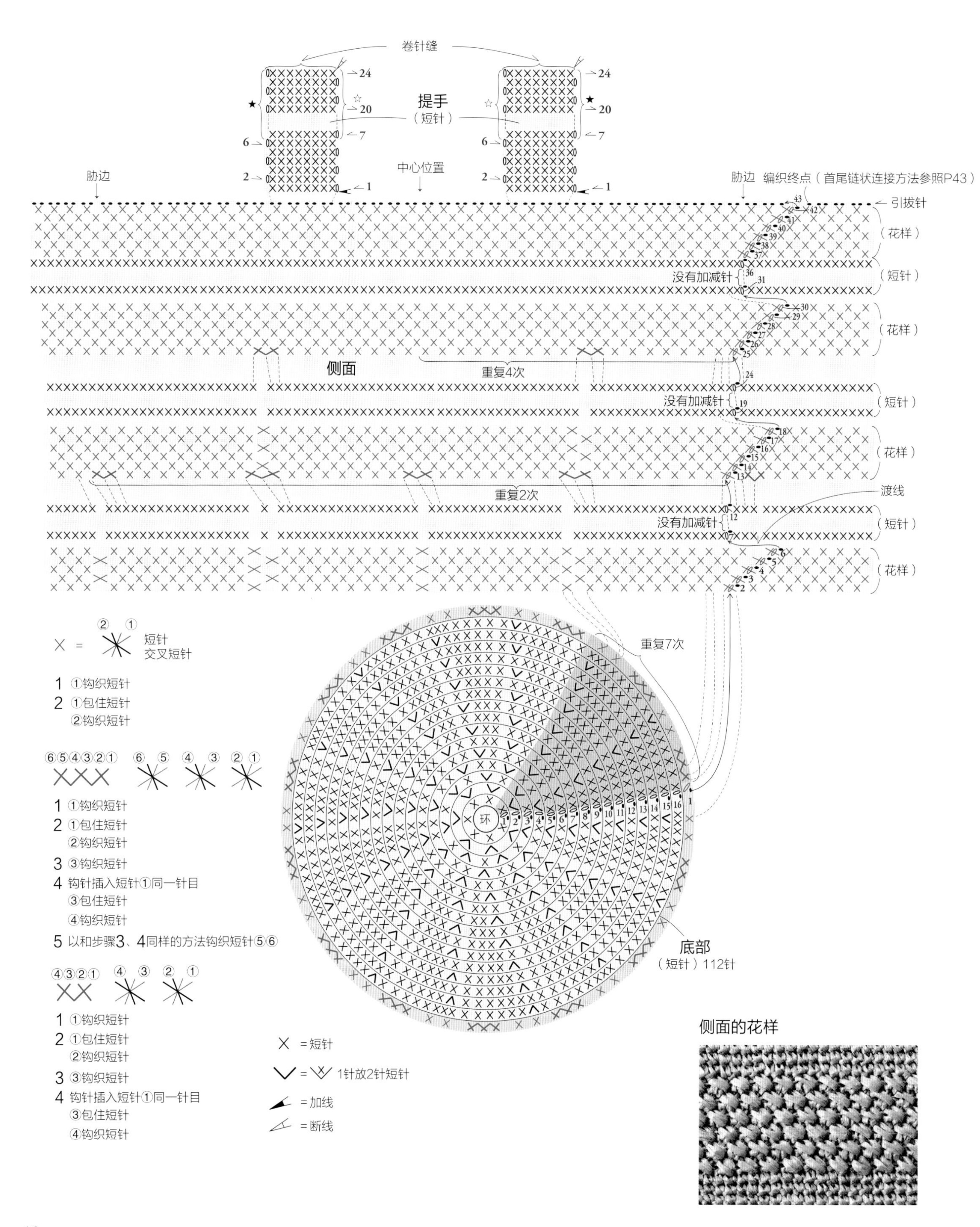
卷针缝
提手
（短针）
中心位置
胁边
胁边
编织终点（首尾链状连接方法参照P43）
引拔针
（花样）
（短针）
没有加减针
侧面
重复4次
重复2次
渡线
重复7次
环
底部
（短针）112针
短针
交叉短针
1 ①钩织短针
2 ①包住短针
②钩织短针
1 ①钩织短针
2 ①包住短针
②钩织短针
3 ③钩织短针
4 钩针插入短针①同一针目
③包住短针
④钩织短针
5 以和步骤3、4同样的方法钩织短针⑤⑥
1 ①钩织短针
2 ①包住短针
②钩织短针
3 ③钩织短针
4 钩针插入短针①同一针目
③包住短针
④钩织短针
= 短针
= 1针放2针短针
= 加线
= 断线
侧面的花样

侧面的花样钩织 *为了便于理解，换成其他颜色的线进行示范。

侧面第一行 ╳╳╳

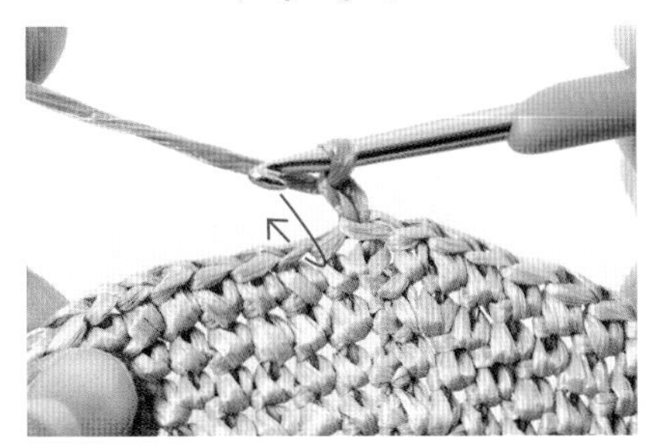

1 钩1针锁针作为立针，错开前一行（底部的第16行）1针短针，插入钩针，钩织短针。

2 钩针插入错开的针目，包住步骤**1**的短针，挂线引拔。

3 钩针挂线，钩织短针。

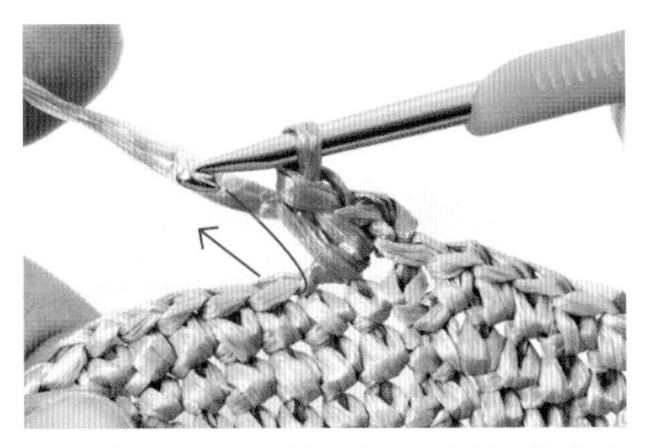

4 完成2针交叉短针。步骤**2**的针目包住步骤**1**的针目。钩针继续插入下一针目，钩织短针。

5 钩针插入步骤**1**同一针目，包住步骤**4**的短针，钩织短针。增加1针。

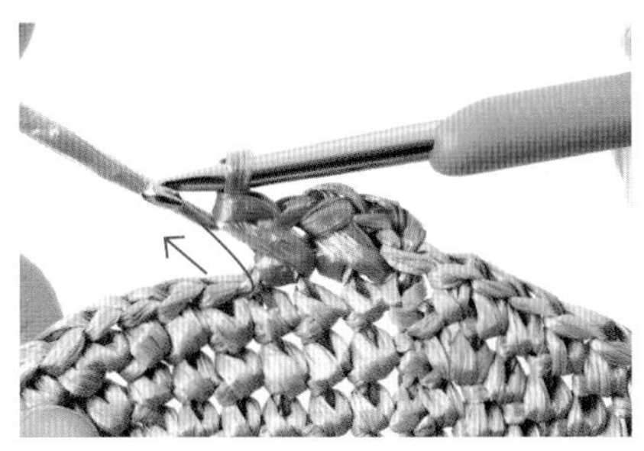

6 钩针插入下一针目，以步骤**4**、**5**同样的方法钩织交叉短针。再增加1针。

╳

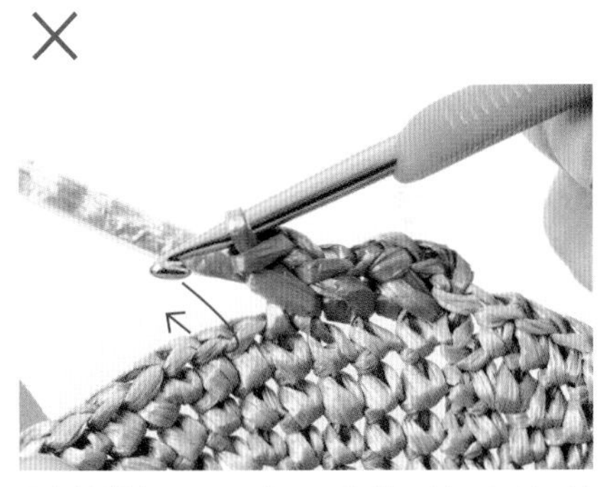

7 ╳╳╳ 钩织完成。继续错开前一行的1针短针，插入钩针，钩织短针。

8 钩针插入错开的针目，包住步骤**7**的短针，钩织短针。

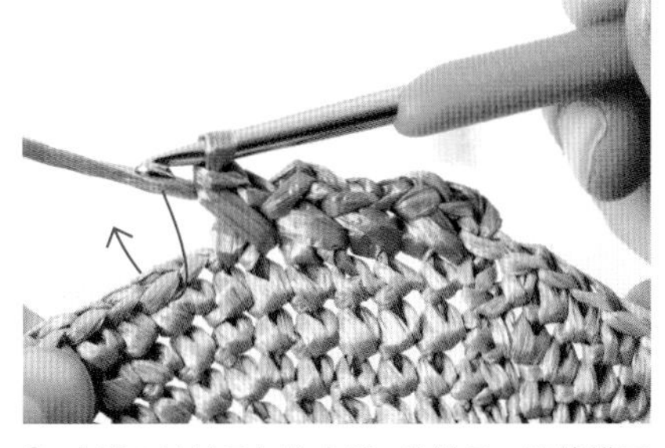

9 步骤**8**的针目包住步骤**7**的针目。继续错开前一行的1针短针，插入钩针，钩织短针。

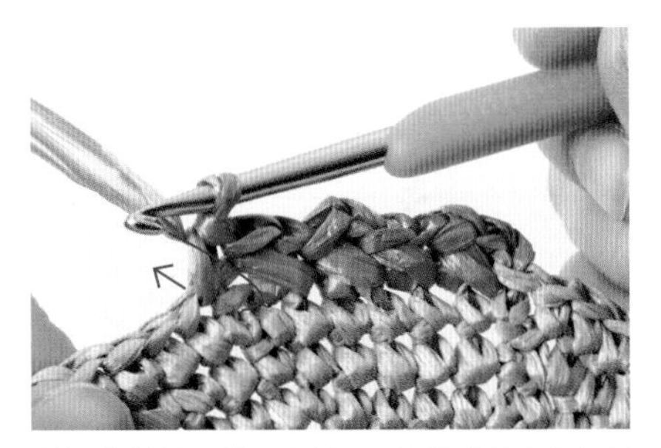

10 钩针插入错开的针目，包住步骤**9**的短针，钩织短针。

11 完成2次 ╳。

12 重复步骤**1~11**，钩织一行。侧面的 ╳ 用和步骤7~11同样的方法钩织。

Item **05**

横版托特包

制作方法：P19

横版的包型，包口宽敞，装东西时更方便。明亮的绿色，满溢出夏日的热情。款式虽然简洁，提手的编织方法却是一大亮点。

设计：青木惠理子　线材：和麻纳卡 ECO ANDARIA

05 横版托特包 图片：P18

线　○和麻纳卡 ECO ANDARIA（40g/团）绿色（17）200g

针　○和麻纳卡 双头钩针7/0号

钩织密度　短针 17针17.5行=10cm × 10cm

完成尺寸　参照图示

●钩织方法

使用1股线钩织。

底部钩50针锁针起针，钩织25行短针。侧面在指定位置加线，每一行改变钩织方向，圈钩短针。提手是在指定位置加线，钩织55行短针，和侧面用卷针缝缝合。以同样的方法完成另一侧的提手。按照图解，侧面和提手重叠并钩织引拔针。

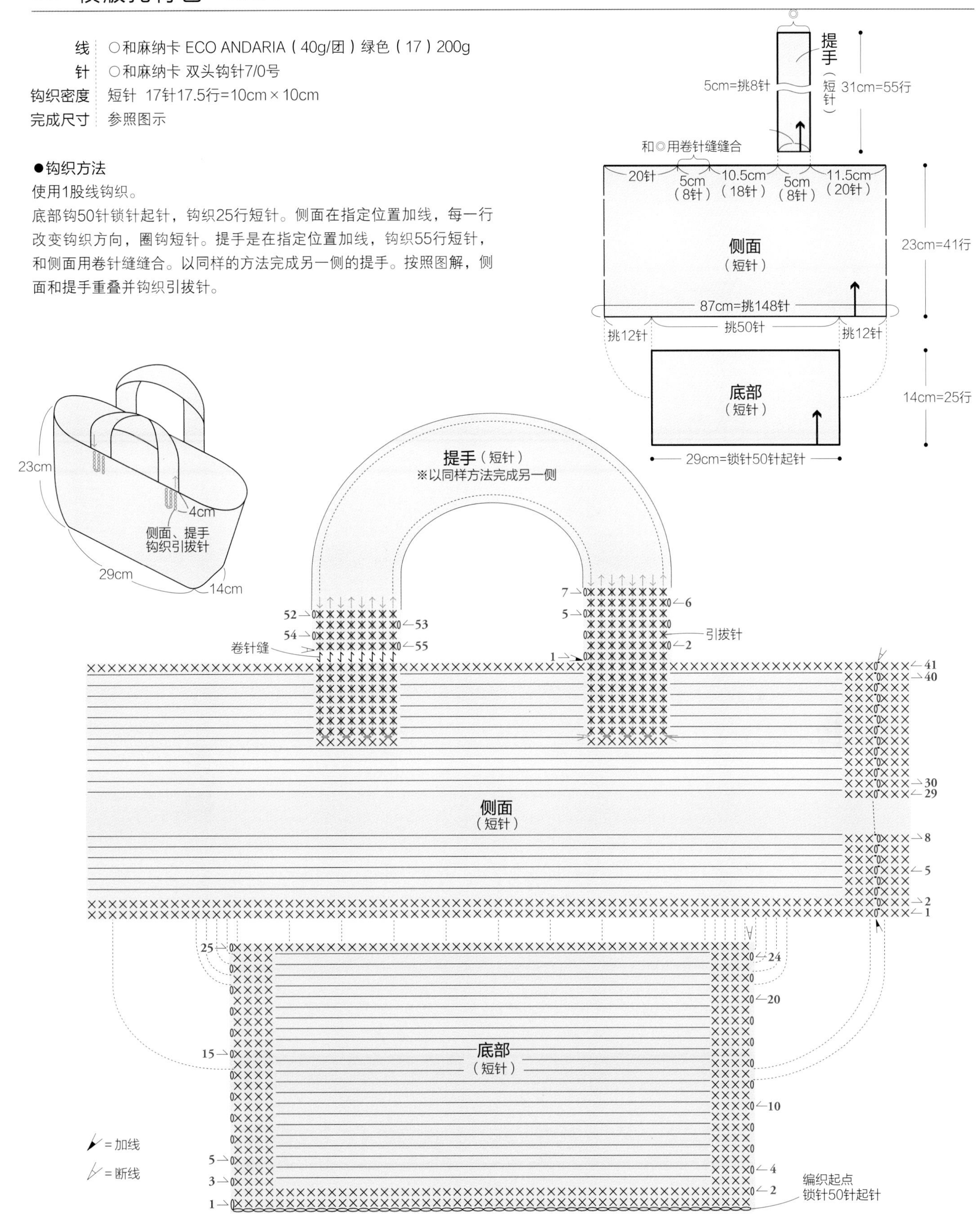

Item 06

蝴蝶结手包

制作方法：P22

蝴蝶结的包型，非常清爽，适合在夏天出行时用。两用的设计也很巧妙，取下提手就是一款可爱的手包。

设计: 桥本真由子　线材: 和麻纳卡 ECO ANDARIA

Item 07

刺绣拎包

制作方法：P24

简单的扁平包，装饰上五彩的花朵刺绣，立刻变得华丽高雅起来。

设计: 河合真弓　制作: 栗原由美　线材: 和麻纳卡 ECO ANDARIA

06 蝴蝶结手包　图片：P20

线｜○和麻纳卡 ECO ANDARIA（40g/团）米色（23）100g
针｜○和麻纳卡 双头钩针5/0号
其他｜○长30cm的拉链 1根
○内径0.9cm的龙虾扣 2个
○内径0.9cm的D环 2个
○手缝线 手缝针
钩织密度｜短针棱针 17针=9cm 14行=10cm
花样 1个花样=2.4cm 7行=10cm
完成尺寸｜参照图示

●钩织方法

使用1股线钩织。

主体钩17针锁针起针，用短针棱针钩织中间部分。分别在中间部分的左右两侧挑针，钩织蝴蝶结花样。上下两边（袋口）钩织边缘①。背面相对对齐，从底部中心对折，2片一起钩织边缘②。钩织编绳作为肩带，穿过龙虾扣对折，两端用卷针缝缝合。主体袋口两端各用卷针缝缝合5针，其中3针穿过D环一起缝合。使用手缝线在袋口缝制拉链。

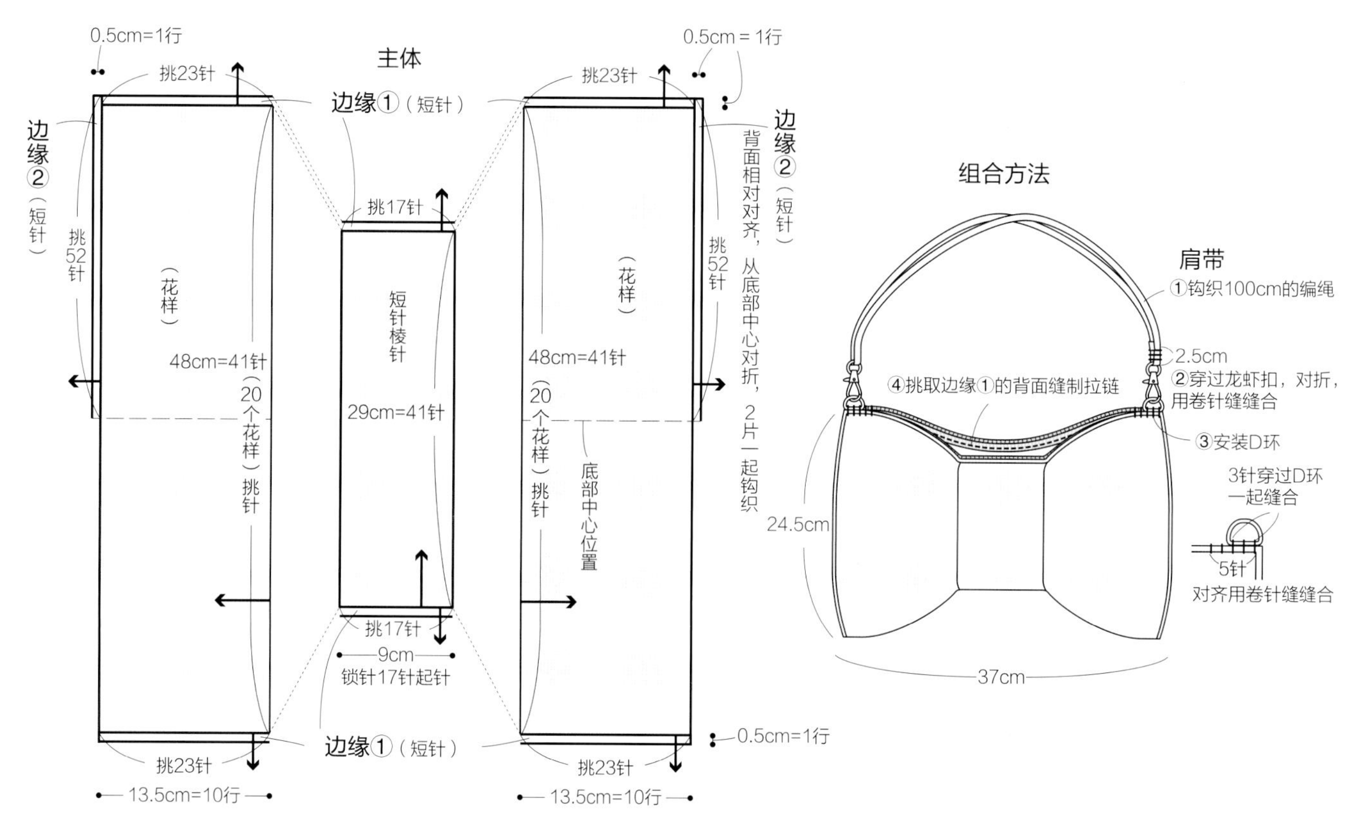

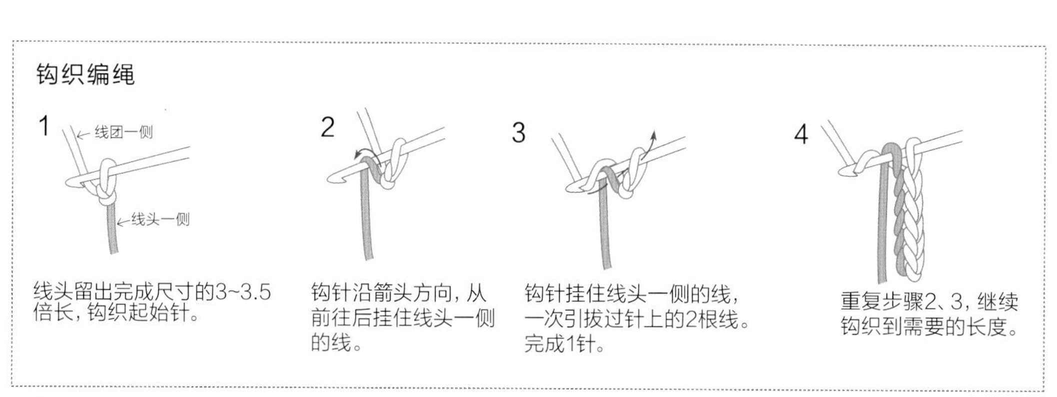

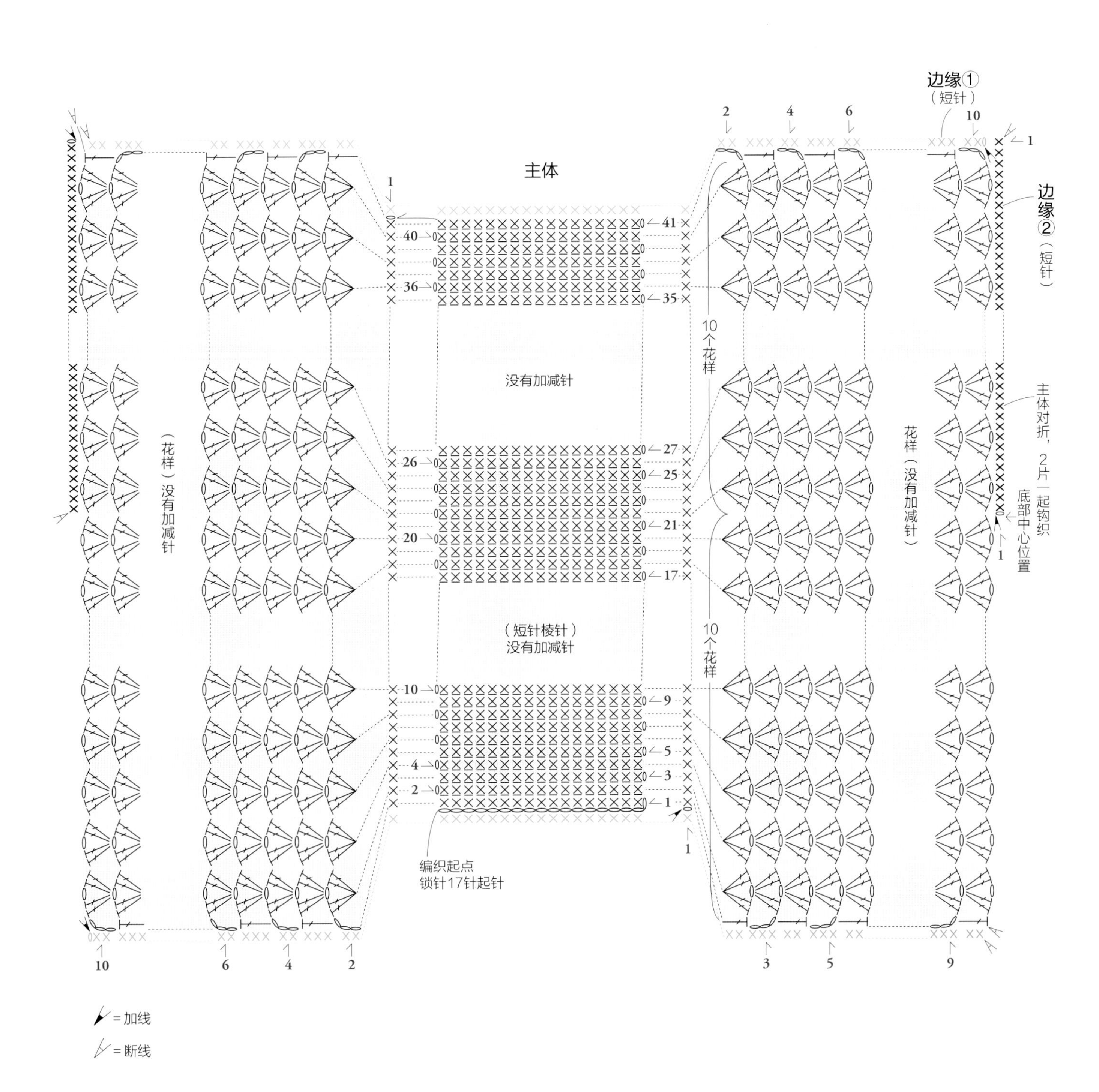

边缘①
（短针）
主体
边缘②（短针）
10个花样
没有加减针
（花样）没有加减针
花样（没有加减针）
主体对折，2片一起钩织
底部中心位置
（短针棱针）
没有加减针
编织起点
锁针17针起针
= 加线
= 断线

07 刺绣拎包 图片：P21

线 ○和麻纳卡 ECO ANDARIA（40g/团）米色（23）100g
黄色（11）、珊瑚粉色（71）、苔绿色（61）、绿色（17）、灰蓝色（66）、橙粉色（47）、粉色（32）、米白色（168）各少许

针 ○和麻纳卡 双头钩针5/0号
○毛线缝针（用于刺绣）

钩织密度 短针 20针21行=10cm×10cm

完成尺寸 宽22cm、高25cm

●钩织方法

使用1股米色线钩织。

侧面钩32针锁针起针，继续钩织短针。另一片侧面从起针位置挑针，同样钩织短针。在其中一片上进行刺绣。肋边半针用卷针缝缝合。袋口每一行改变方向，圈钩短针棱针。提手钩60针锁针起针，继续按照图解钩织，缝制于包袋侧面内侧。

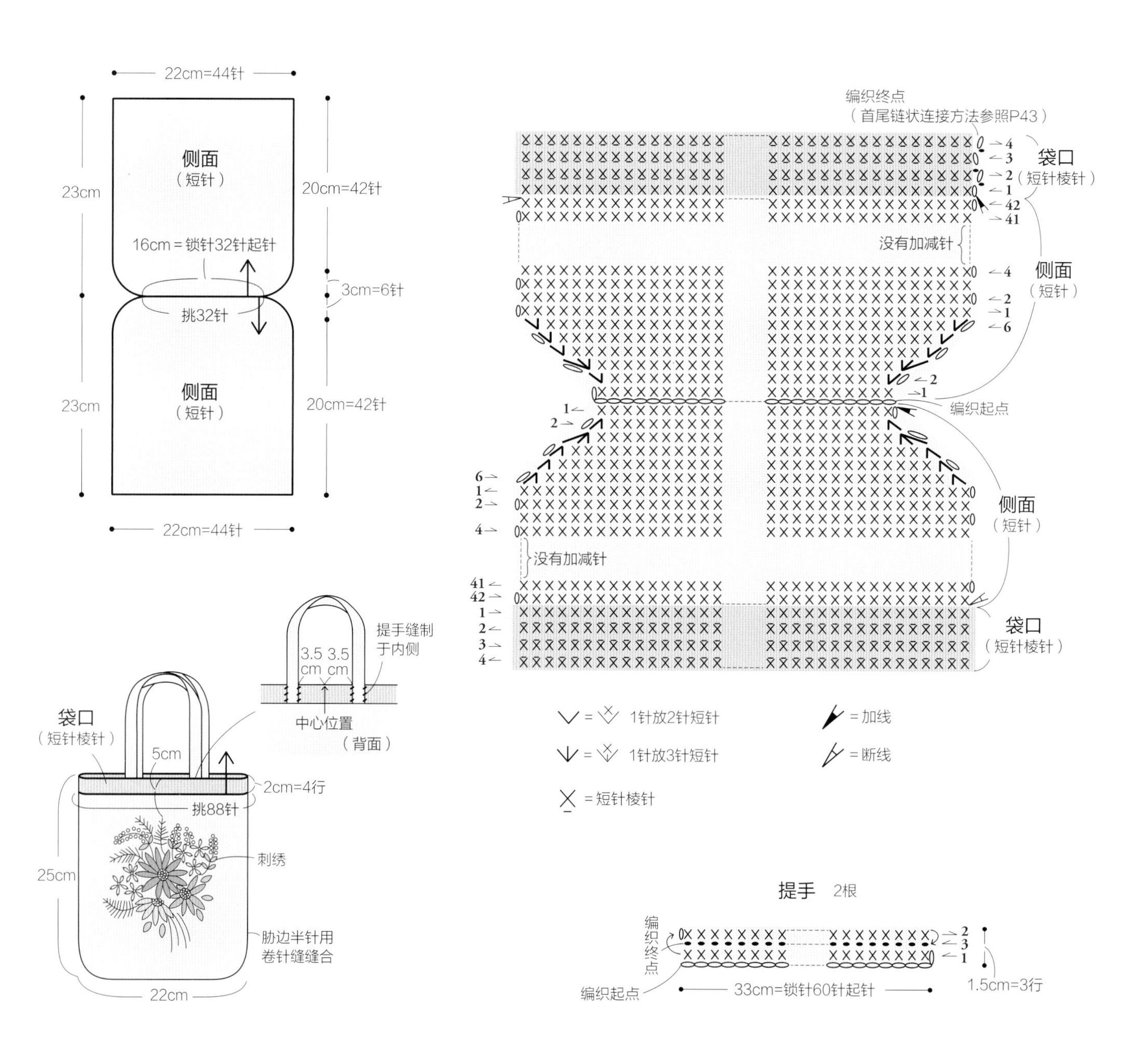

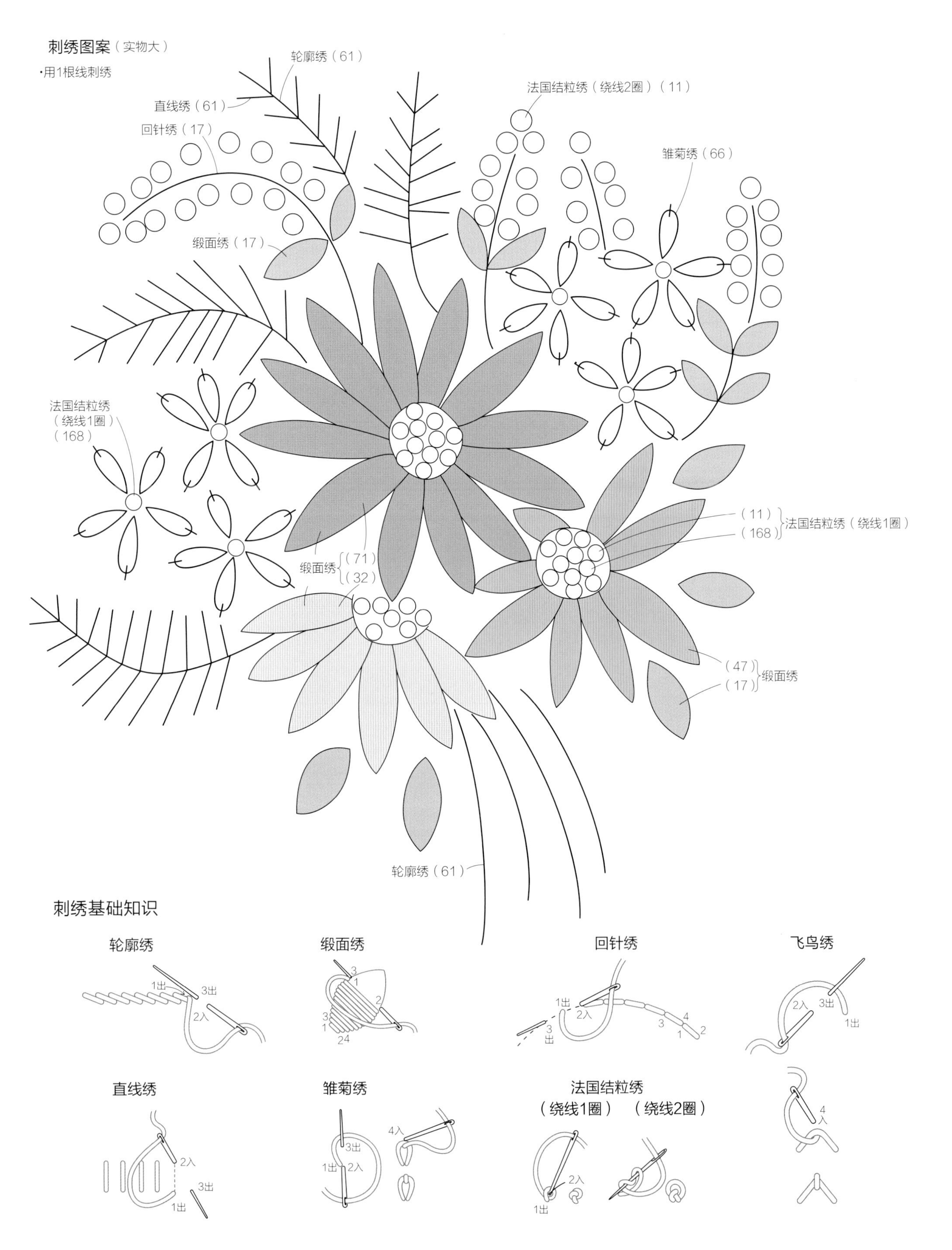
刺绣图案（实物大）
•用1根线刺绣
轮廓绣（61）
直线绣（61）
回针绣（17）
法国结粒绣（绕线2圈）（11）
雏菊绣（66）
缎面绣（17）
法国结粒绣（绕线1圈）（168）
（11）
（168）
法国结粒绣（绕线1圈）
缎面绣（71）（32）
（47）
（17）
缎面绣
轮廓绣（61）
刺绣基础知识
轮廓绣
1出
3出
2入
缎面绣
3
1
2
3
1
24
回针绣
1出
2入
3出
3
4
1
2
飞鸟绣
2入
3出
1出
4入
直线绣
2入
3出
1出
雏菊绣
4入
3出
1出
2入
法国结粒绣
（绕线1圈）
（绕线2圈）
2入
1出

Item 08

束口袋

制作方法：P27

在流行的束口袋上打上气眼，穿过合成皮革绳，制成一个正式的包袋。
圆鼓鼓的包型小巧可爱，氛围感十足。

设计: 杉山朋　线材: 和麻纳卡 ECO ANDARIA

08 束口袋 图片：P26

线	○和麻纳卡 ECO ANDARIA（40g/团） 米色（23）120g
针	○和麻纳卡 双头钩针6/0号
其他	○直径0.5cm的黑色合成皮革绳 110cm 2根 ○内径1cm的气眼扣 8组
钩织密度	花样 14针20.5行=10cm×10cm
完成尺寸	底部直径15cm、高20.5cm

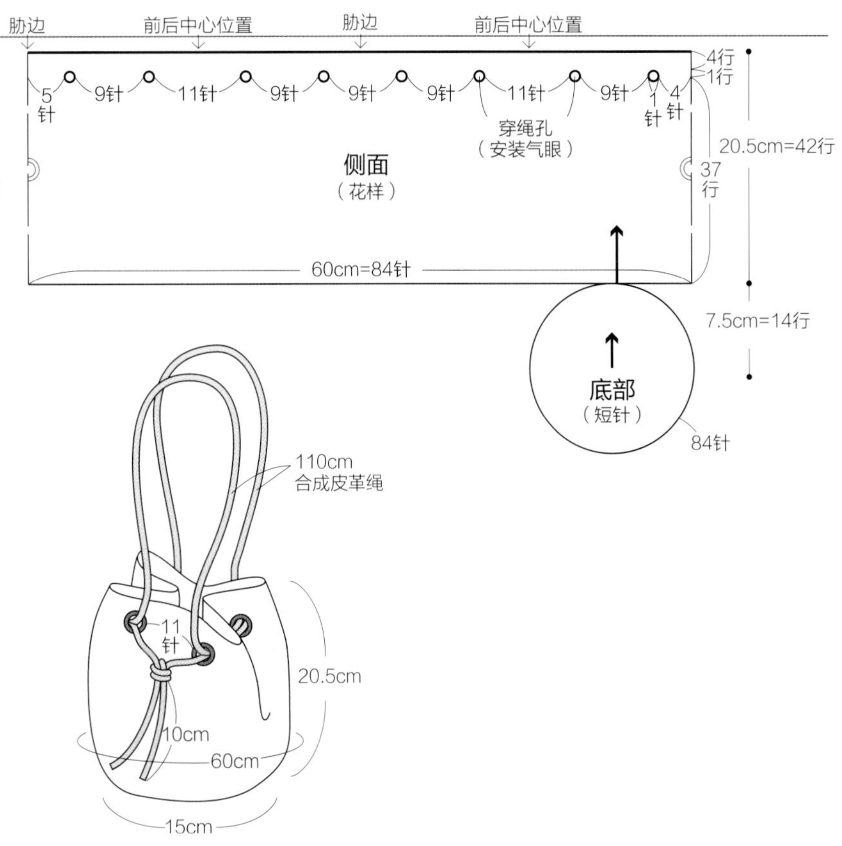

●钩织方法

使用1股线钩织。

底部线头绕成环，钩出6针短针。从第2行开始，按照图解加针。继续钩织侧面，第1行钩织短针，从第2行开始钩织花样，没有加减针，在第38行钩织穿绳孔。在穿绳孔安装气眼，从前后中心位置分别穿入皮绳，距绳端10cm处打结。

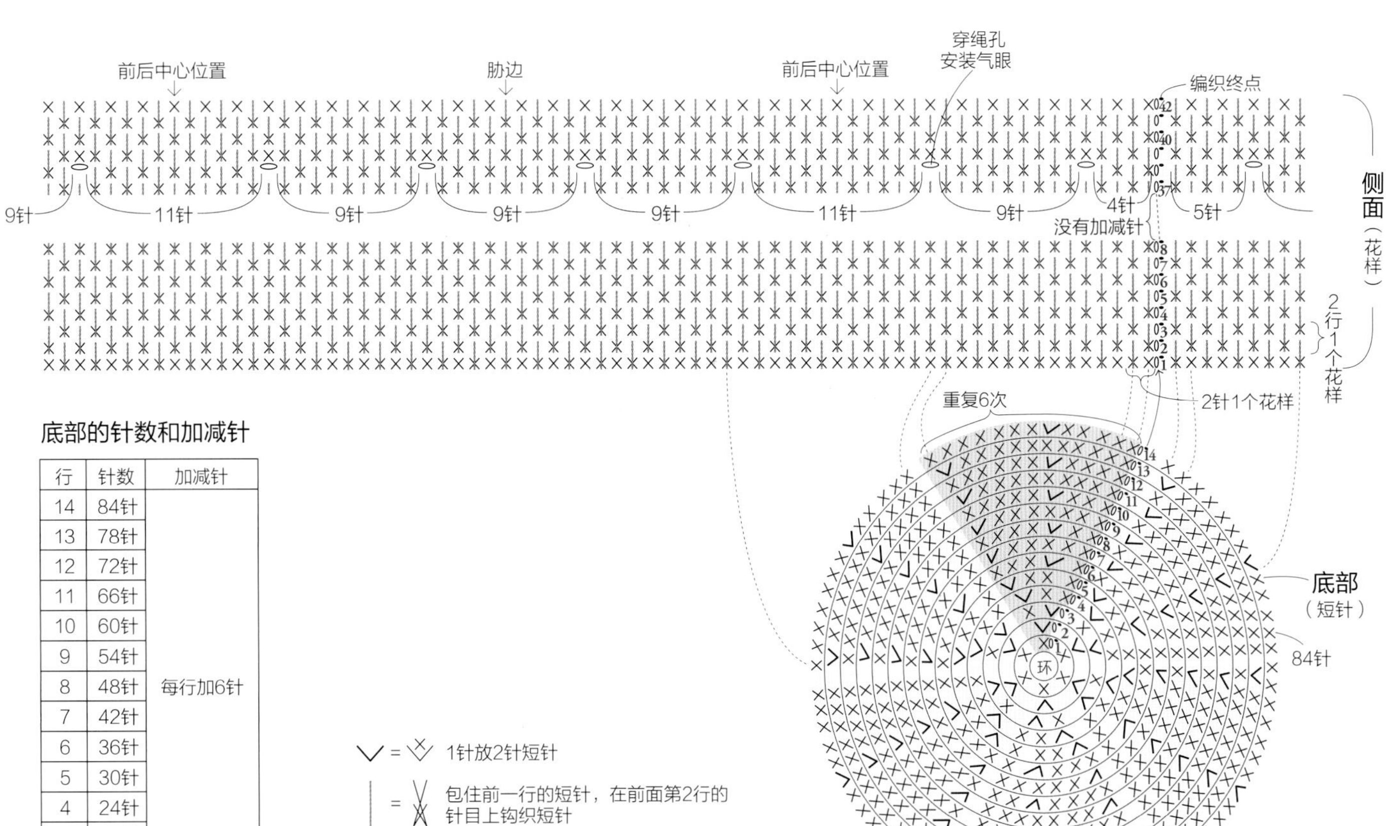

底部的针数和加减针

行	针数	加减针
14	84针	每行加6针
13	78针	
12	72针	
11	66针	
10	60针	
9	54针	
8	48针	
7	42针	
6	36针	
5	30针	
4	24针	
3	18针	
2	12针	
1	钩出6针	

= 1针放2针短针

= 包住前一行的短针，在前面第2行的针目上钩织短针

Item 09

石墙图案小包

制作方法：P29

简单地往返圈钩，再在袋口安装拉链。配上编绳的话，还能变身为精巧的单肩小包。

设计: Knitting RayRay　制作: 山中惠　线材: 和麻纳卡 ECO ANDARIA

09 石墙图案小包 图片：P28

线	○和麻纳卡 ECO ANDARIA（40g/团） 天然麻色（42）40g 黑色（30）20g
针	○和麻纳卡 双头钩针4/0号、5/0号
其他	○长20cm的拉链1根 ○手缝线 手缝针
钩织密度	条纹花样 1个花样=1.8cm 11行=10cm
完成尺寸	宽20cm、高12cm

●钩织方法

使用1股线，按照指定的钩针号和配色钩织。

侧面钩88针锁针起针，绕成环状，钩织石墙的条纹花样至第13行，每一行改变钩织方向。侧面的最后一行倒向外侧，钩织短针作为袋口，再安装拉链。侧面底部对齐，钩织短针连接。钩织提手和提手环。缝制提手环，将提手穿过提手环，打结。制作流苏装饰。

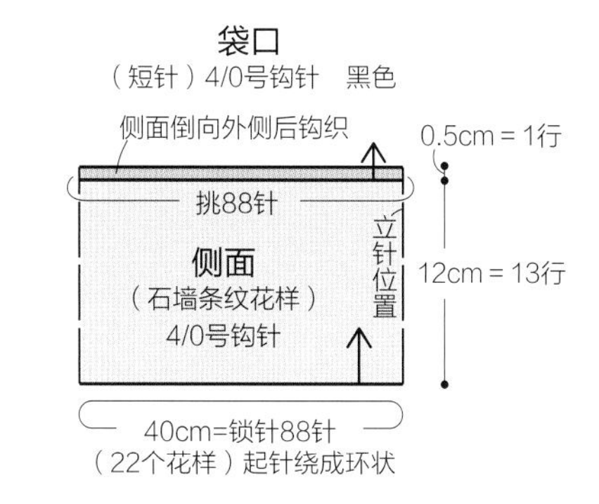

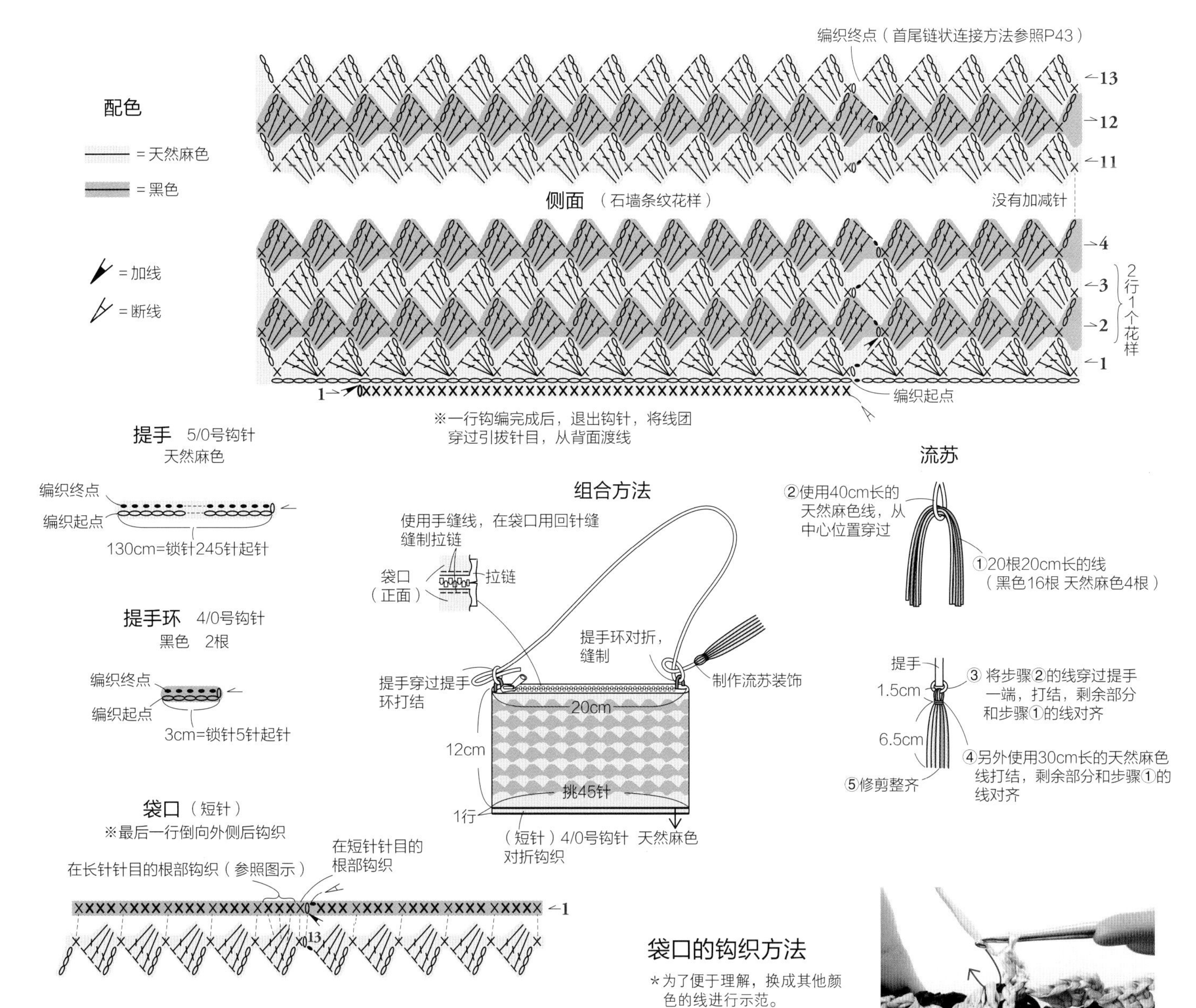

袋口的钩织方法

＊为了便于理解，换成其他颜色的线进行示范。

将侧面的第13行倒向面前，挑短针或是长针针目的根部，钩织短针。

花片拼接包

制作方法：P32

拼接立体花朵的花片，制作成精致的祖母包。选择黑色和米色这样经典的配色钩织，是很适合成人使用的款式。

设计: 桥本真由子　线材: 和麻纳卡 ECO ANDARIA

Item 11

单肩束口袋

制作方法：P34

格纹图案的单肩束口袋，是相当常见又好用的包款。

设计: Ronique　线材: 和麻纳卡 ECO ANDARIA

10 花片拼接包　图片：P30

线	○和麻纳卡 ECO ANDARIA（40g/团） 黑色（30）130g 米色（23）85g
针	○和麻纳卡 双头钩针5/0号
花片尺寸	a 边长为3.75cm的六边形　b 边长为3.75cm的四边形
完成尺寸	参照图示

●钩织方法

使用1股线，按照指定的配色钩织。

钩织花片a、b，线头绕成环，钩织完成第1~3行后暂时不断线。在第1行上钩织第4行，在第3行和第4行上钩织第5行，共钩织28片a花片、4片b花片。侧面参照尺寸配置图，用卷针缝拼接。袋口和提手一起钩织。第1行钩织短针条纹针，从第2行开始钩织短针，袋口和提手分开的部分钩织锁针。袋口和提手共钩织4行，钩织完成后首尾链状连接。

花片a

第1~3行（黑色）

暂时不断线

环

第4行（米色）

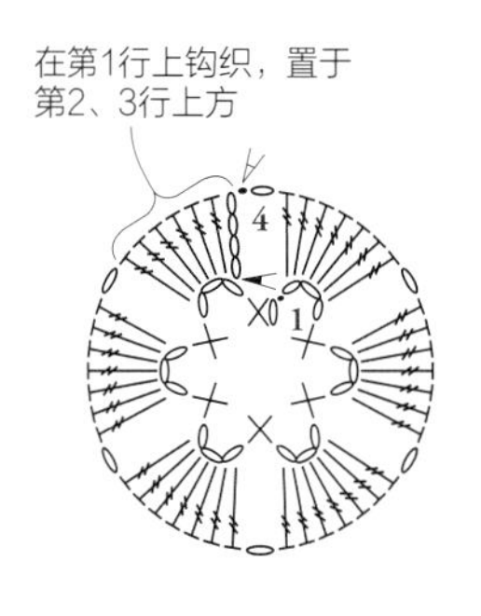

使用第3行未断的线钩织第5行（黑色）

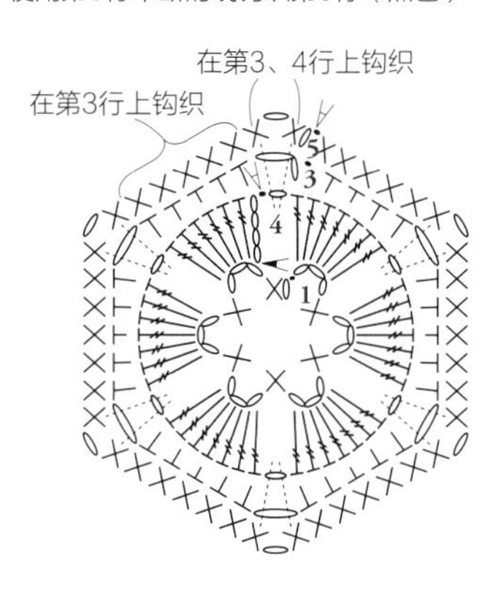

= 加线

= 断线

花片b

第1~3行（黑色）

暂时不断线

第4行（米色）

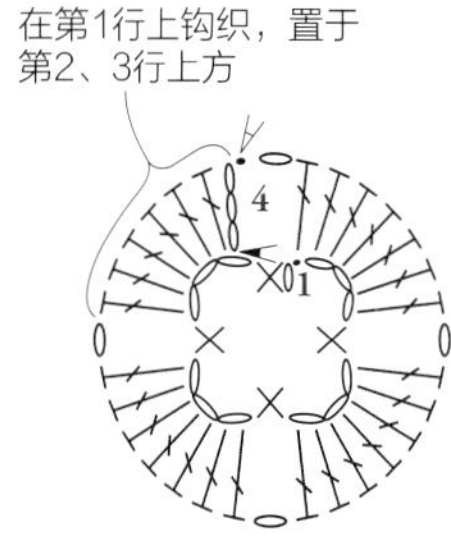

使用第3行未断的线钩织第5行（黑色）

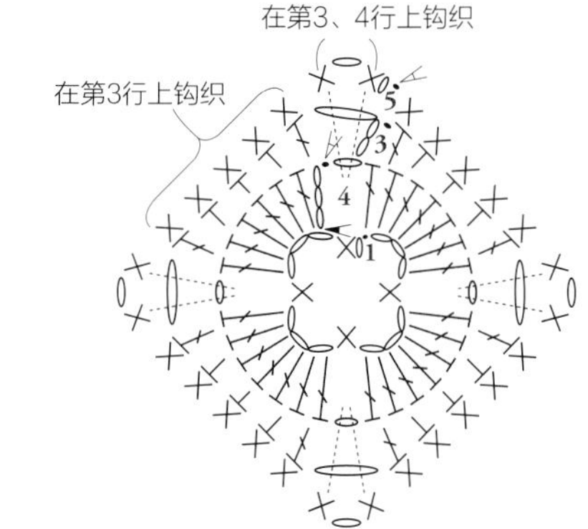

花片a的钩织方法　＊为了便于理解，换成其他颜色的线进行示范。

1 使用黑色线钩织第1~3行，暂时不断线。第4行使用米色线，在第1行的锁针上整段挑针，钩织长长针，置于第2、3行的上方。

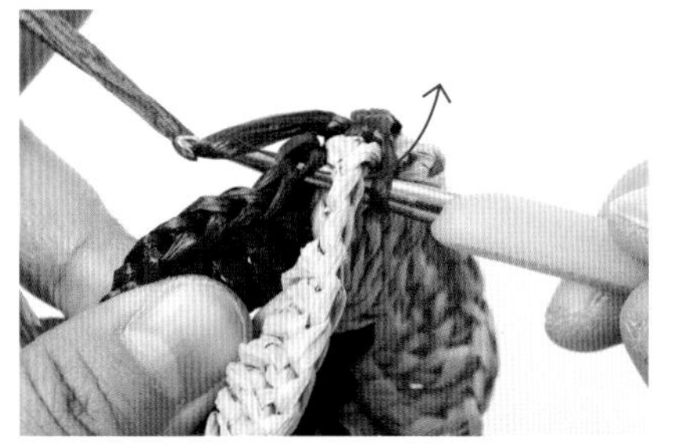

2 第5行使用之前未断线的黑色线钩织，转角上的短针将钩针插入第3、4行的锁针钩织。

3 完成1片花片a。

花片的连接方法

*为了便于理解，换成其他颜色的线进行示范。

2片花片正面相对对齐，用卷针缝缝合内侧的半针。

尺寸配置图

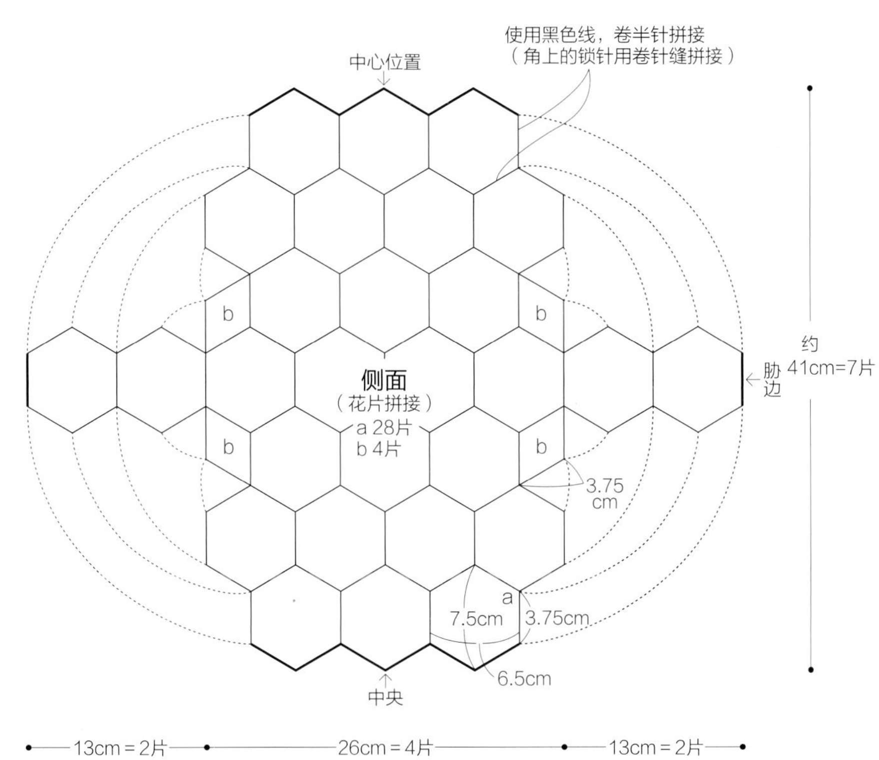

袋口和提手

（短针）黑色

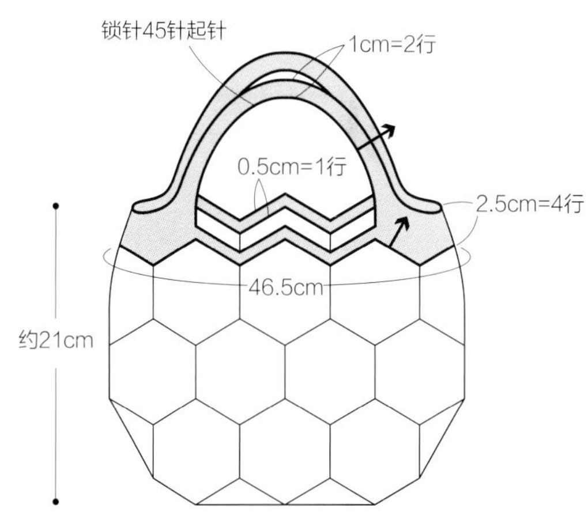

袋口和提手的钩织图解

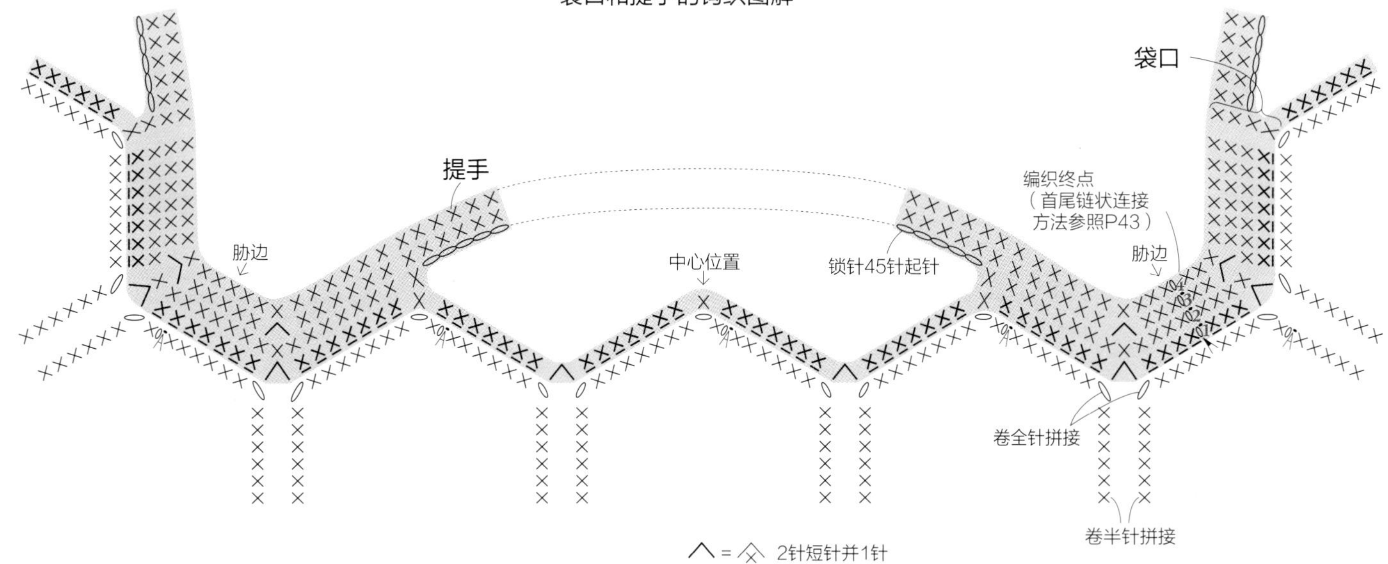

∧ = 2针短针并1针

11 单肩束口袋 图片：P31

线	○和麻纳卡 ECO ANDARIA（40g/团） 蓝绿色（63）115g 米色（23）65g
针	○和麻纳卡 双头钩针7/0号
钩织密度	花样 17针=10cm 2行（1个花样）=约2cm
完成尺寸	参照图示

●钩织方法

使用1股线，按照指定的配色钩织。

底部钩13针锁针起针，圈钩短针，按照图解加针。继续钩织侧面花样。袋口圈钩短针，留出穿绳孔。钩织止绳扣。钩织编绳，穿过穿绳孔，参照图示制作止绳扣。肩带钩织85针锁针起针，按照图解钩织短针。将肩带缝制在指定位置。

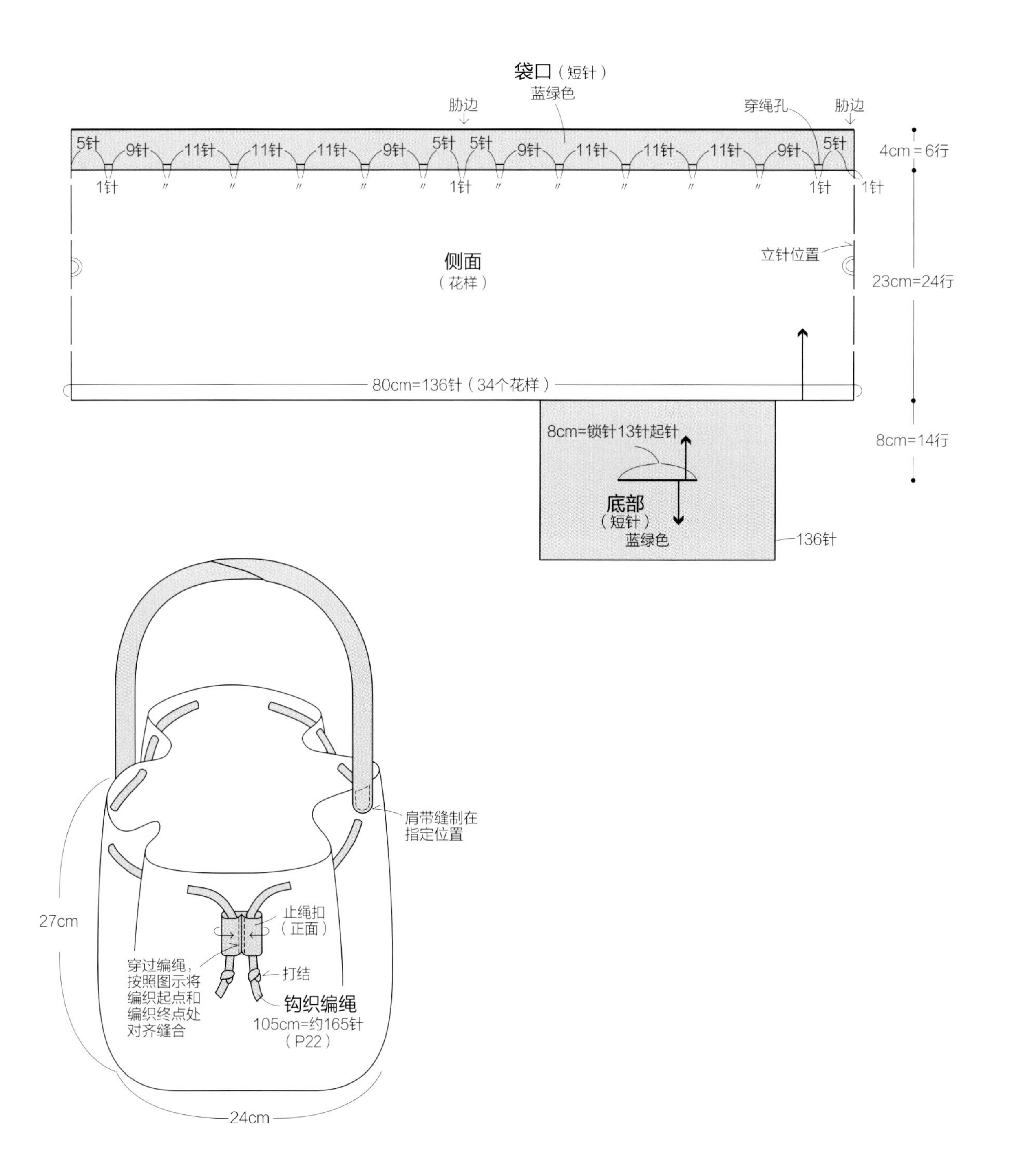

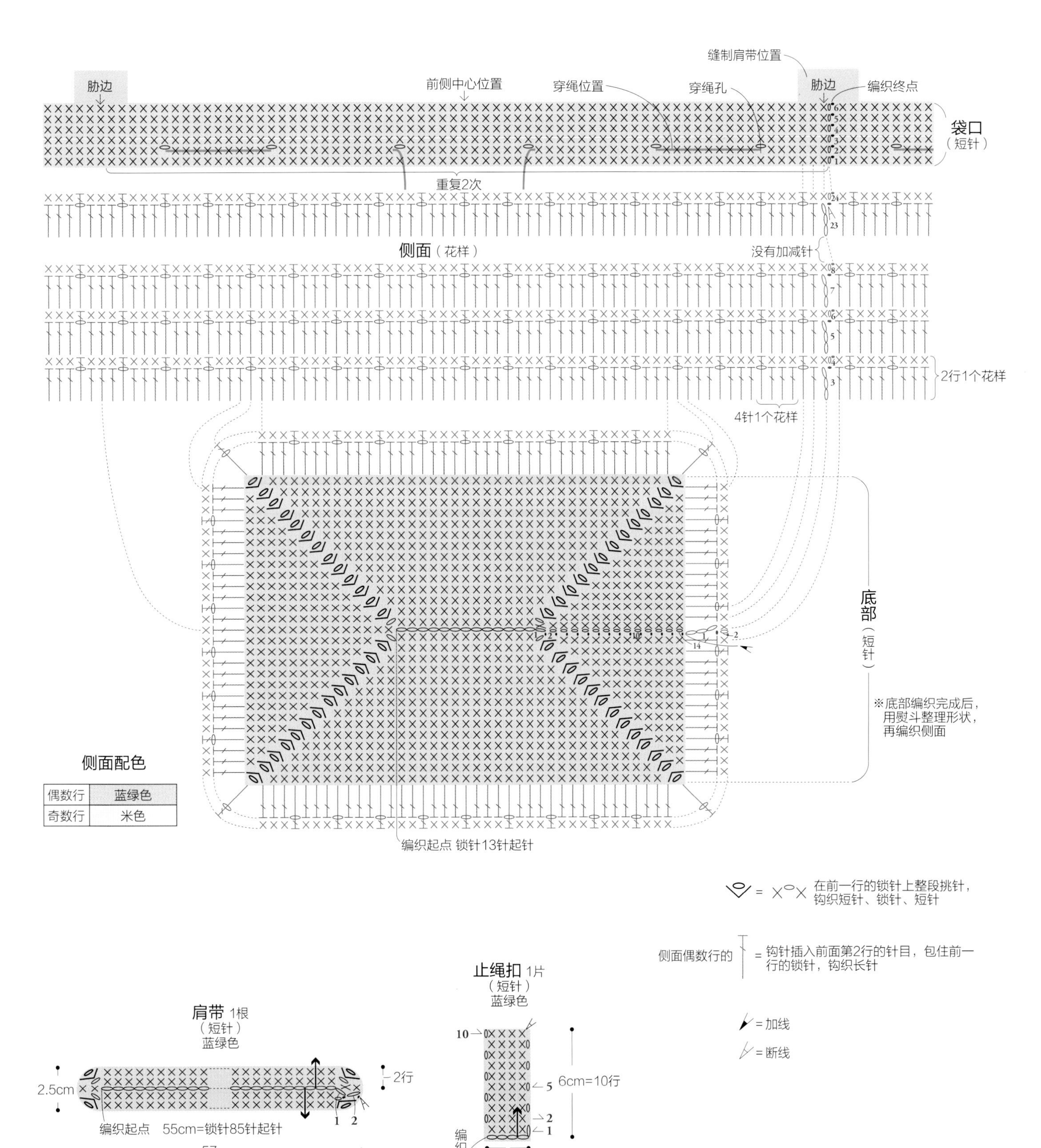

缝制肩带位置
胁边
前侧中心位置
穿绳位置
穿绳孔
胁边
编织终点
袋口
（短针）
重复2次
侧面（花样）
没有加减针
2行1个花样
4针1个花样
底部（短针）
※底部编织完成后，
用熨斗整理形状，
再编织侧面
侧面配色
偶数行 蓝绿色
奇数行 米色
编织起点 锁针13针起针
= 在前一行的锁针上整段挑针，钩织短针、锁针、短针
侧面偶数行的 = 钩针插入前面第2行的针目，包住前一行的锁针，钩织长针
= 加线
= 断线
止绳扣 1片
（短针）
蓝绿色
6cm=10行
编织起点
2.5cm=
锁针4针起针
肩带 1根
（短针）
蓝绿色
2.5cm
2行
编织起点 55cm=锁针85针起针
57cm

Item 12

心形小挎包

制作方法：P37

心形轮廓的迷你小挎包，选择孩子喜欢的颜色钩织，是很特别的礼物呢。

设计：青木惠理子
线材：和麻纳卡 ECO ANDARIA

Item 13

小熊拎包

制作方法：P38

圆滚滚的小熊造型别致可爱。袋口设计在小熊脑袋的后侧，使用按扣开合。

设计：青木惠理子
线材：和麻纳卡 ECO ANDARIA

12 心形小挎包 图片：P36

线	○和麻纳卡 ECO ANDARIA（40g/团）55g 【A】米色（23）【B】红色（37）
针	○和麻纳卡 双头钩针7/0号
钩织密度	短针 19针=10cm 8行=4cm
完成尺寸	参照图示

●钩织方法

使用1股线钩织。

主体中间钩29针锁针起针，继续钩织短针，按照图解加减针，钩织成心形。以同样的方法钩织另一片。侧边和肩带钩210针锁针起针，绕成环状，往返钩织3行短针。仅在侧边的两侧，再各钩织1行短针。主体和侧边的背面相对对齐，从主体一侧2片一起钩织引拔针拼接。

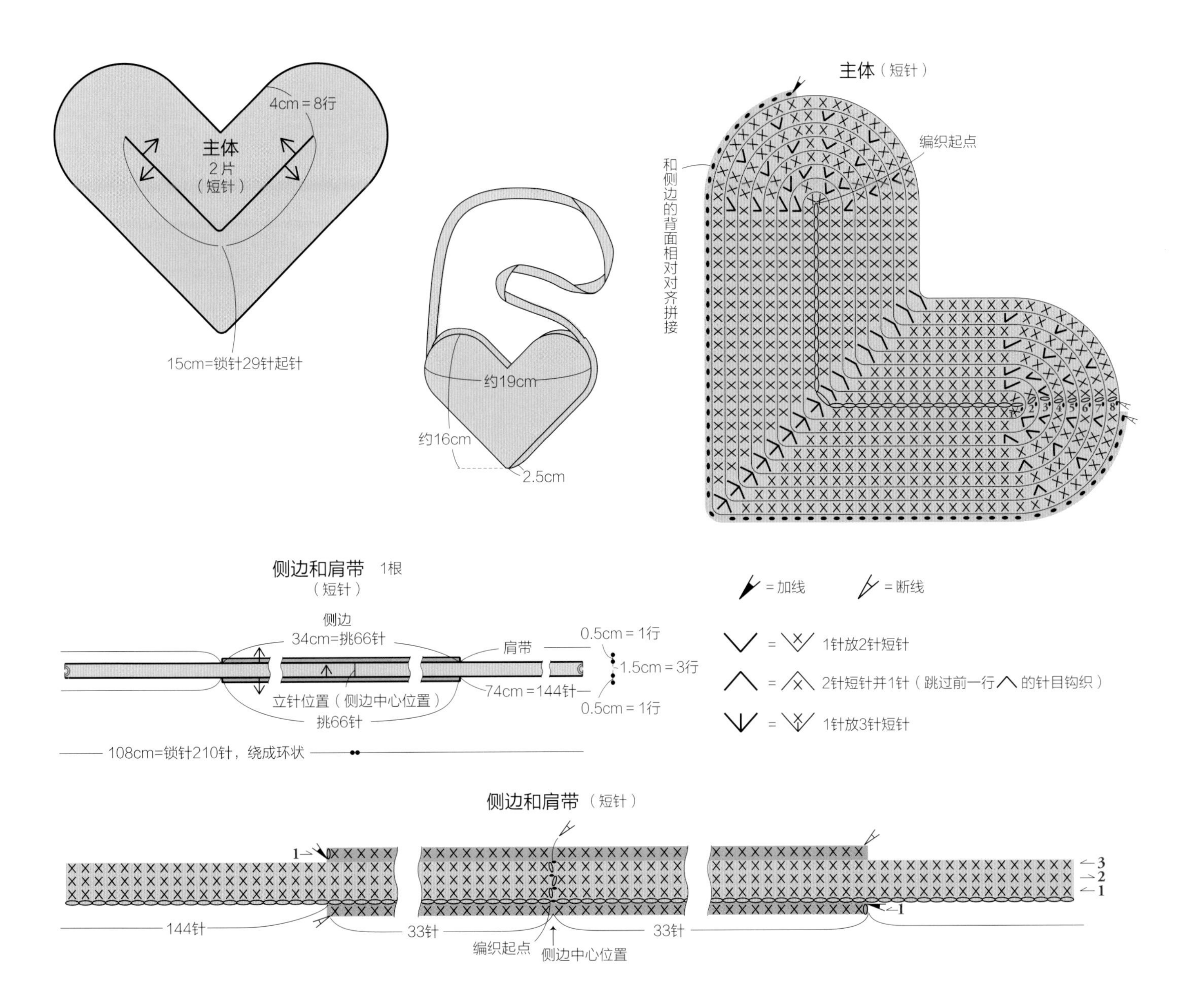

13 小熊拎包 图片：P36

线	○和麻纳卡 ECO ANDARIA（40g/团） 棕色（159）70g 黑色（30）少许
针	○和麻纳卡 双头钩针7/0号
其他	○和麻纳卡 圆形扣子 10mm（H220-610-1）黑色 2颗 ○ 直径1.5cm的按扣 1组
钩织密度	短针 15针18行=10cm×10cm
完成尺寸	参照图示

●钩织方法

使用1股棕色线钩织。

主体钩8针锁针起针，圈钩短针，按照图解加减针，袋口使用其他颜色的线钩织锁针。钩编完成后，将线穿过剩余的针目，抽紧。前侧缝制扣子作为眼睛，刺绣鼻子。耳朵钩4针锁针起针，按照图解钩织8行，背面相对对齐对折，钩织引拔针，和主体缝合。钩织提手、按扣挡布，缝合在主体上，缝制按扣。

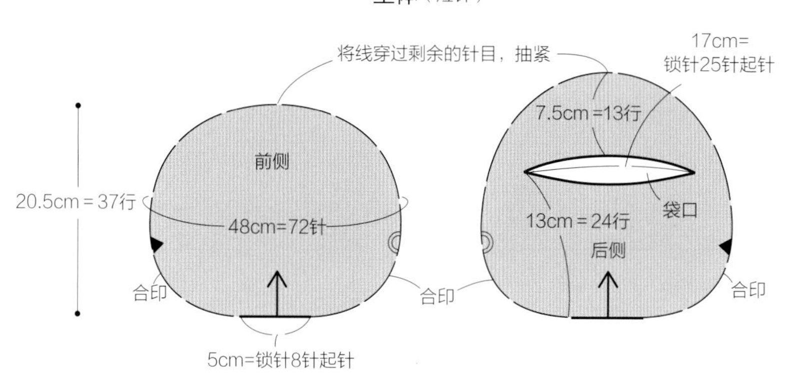

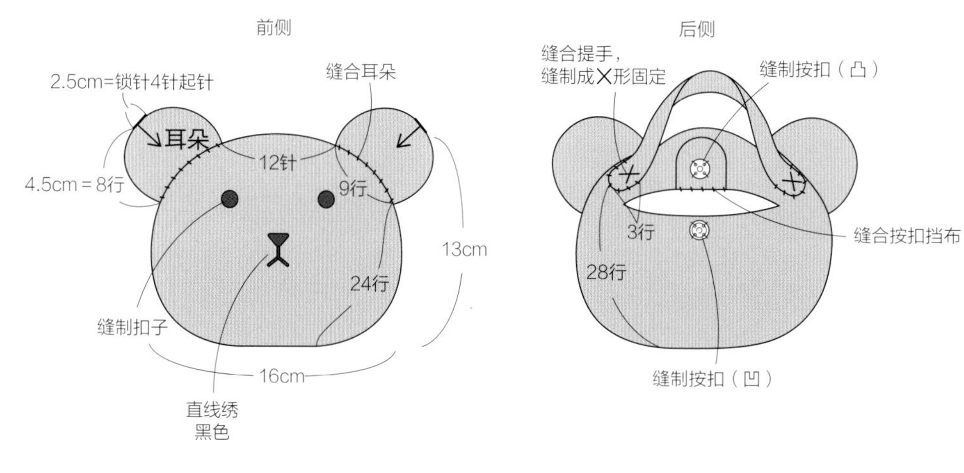

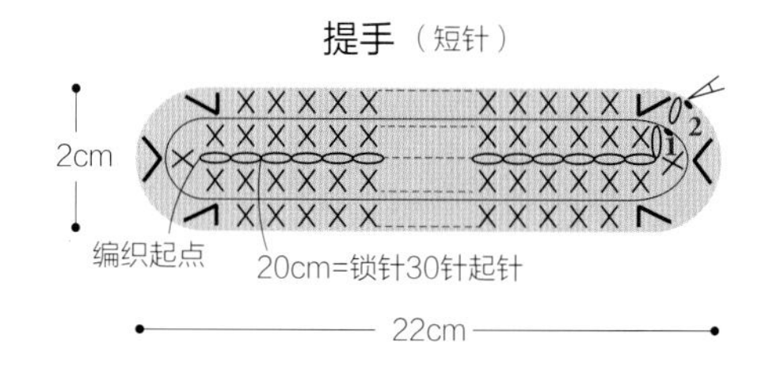

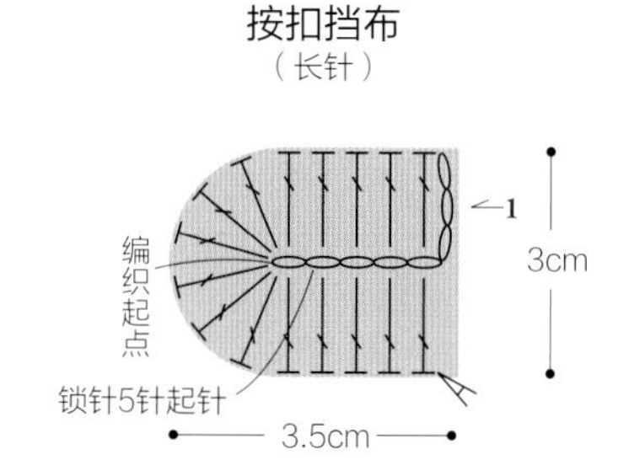

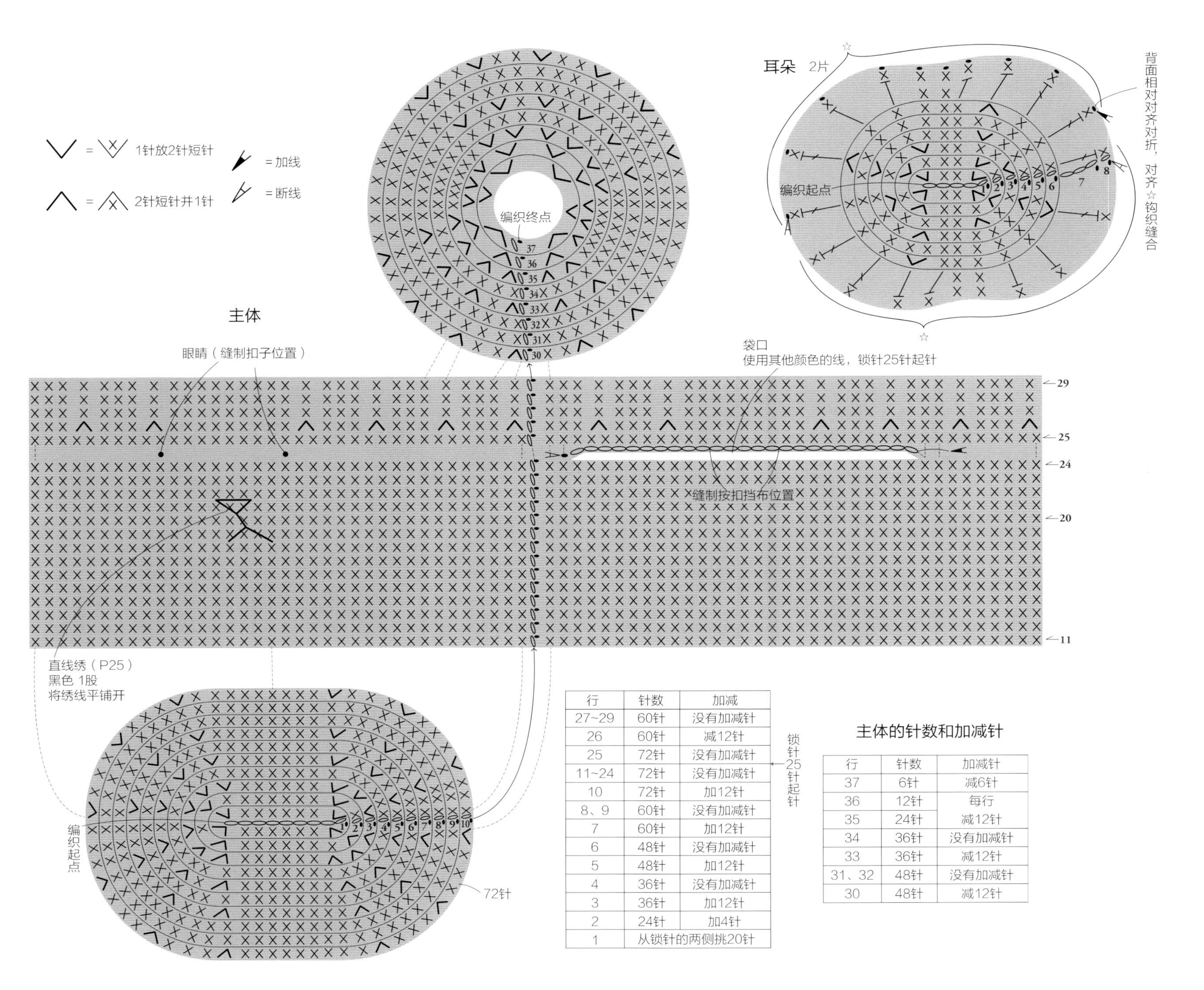

行	针数	加减
27~29	60针	没有加减针
26	60针	减12针
25	72针	没有加减针
11~24	72针	没有加减针
10	72针	加12针
8、9	60针	没有加减针
7	60针	加12针
6	48针	没有加减针
5	48针	加12针
4	36针	没有加减针
3	36针	加12针
2	24针	加4针
1	从锁针的两侧挑20针	

主体的针数和加减针

行	针数	加减针
37	6针	减6针
36	12针	每行减12针
35	24针	
34	36针	没有加减针
33	36针	减12针
31、32	48针	没有加减针
30	48针	减12针

Item 14

简约购物袋

制作方法：P41

天然麻色的大购物袋，是夏日里出行的必备单品。
小一号的尺寸适合孩子使用，作为出门的随手包也非常便利。

设计：桥本真由子　线材：和麻纳卡 ECO ANDARIA

14 简约购物袋 图片：P40

线	○ 和麻纳卡 ECO ANDARIA（40g/团） 【A】天然麻色（42）240g【B】红橙色（164）115g
针	○ 和麻纳卡 双头钩针6/0号
钩织密度	短针 17针18行=10cm×10cm 花样 19针14行=10cm×10cm
完成尺寸	【A】袋口一圈84cm、高29.5cm 【B】袋口一圈61cm、高16.5cm

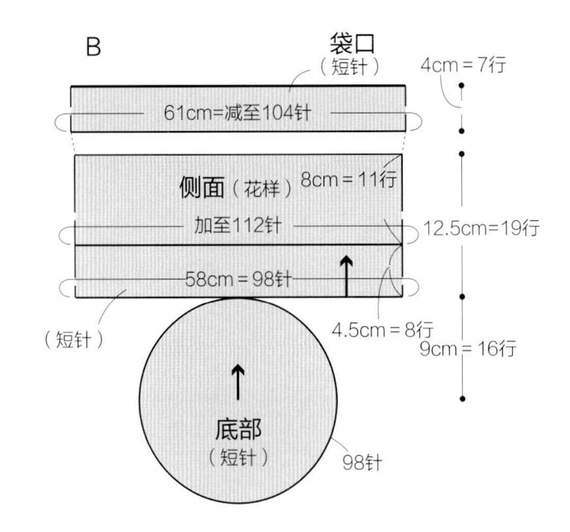

提手和组合方法见P42

●钩织方法

使用1股线钩织。

线头绕成环，钩出6针短针。从第2行开始钩织底部，按照图解加针。继续钩织侧面的短针和花样，按照图解加减针。钩编完成后首尾链状连接。提手钩织锁针起针，继续钩织短针，背面相对对齐对折，钩织引拔针。将提手缝制在袋口内侧。

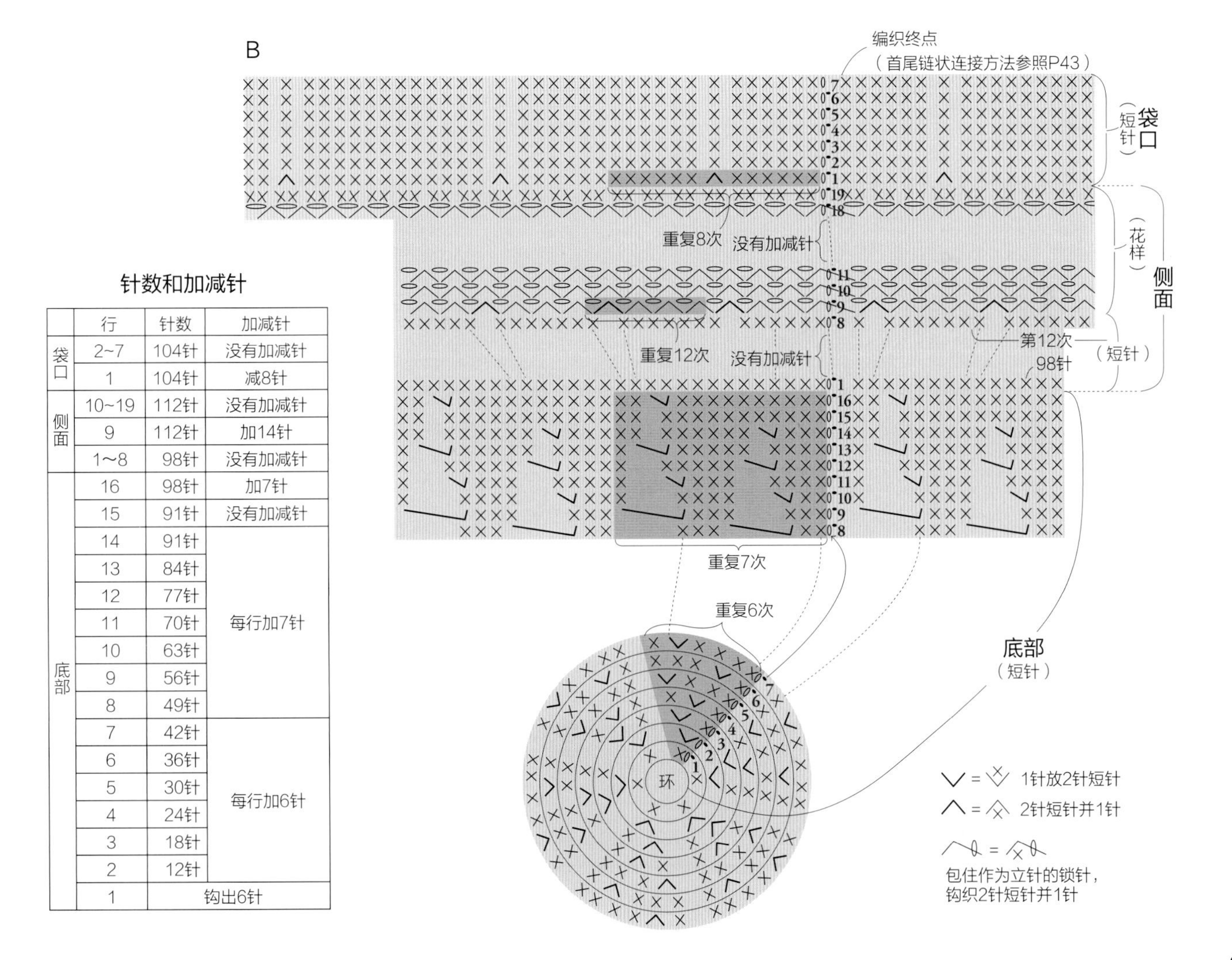

针数和加减针

	行	针数	加减针
袋口	2~7	104针	没有加减针
	1	104针	减8针
侧面	10~19	112针	没有加减针
	9	112针	加14针
	1~8	98针	没有加减针
底部	16	98针	加7针
	15	91针	没有加减针
	14	91针	每行加7针
	13	84针	
	12	77针	
	11	70针	
	10	63针	
	9	56针	
	8	49针	
	7	42针	每行加6针
	6	36针	
	5	30针	
	4	24针	
	3	18针	
	2	12针	
	1	钩出6针	

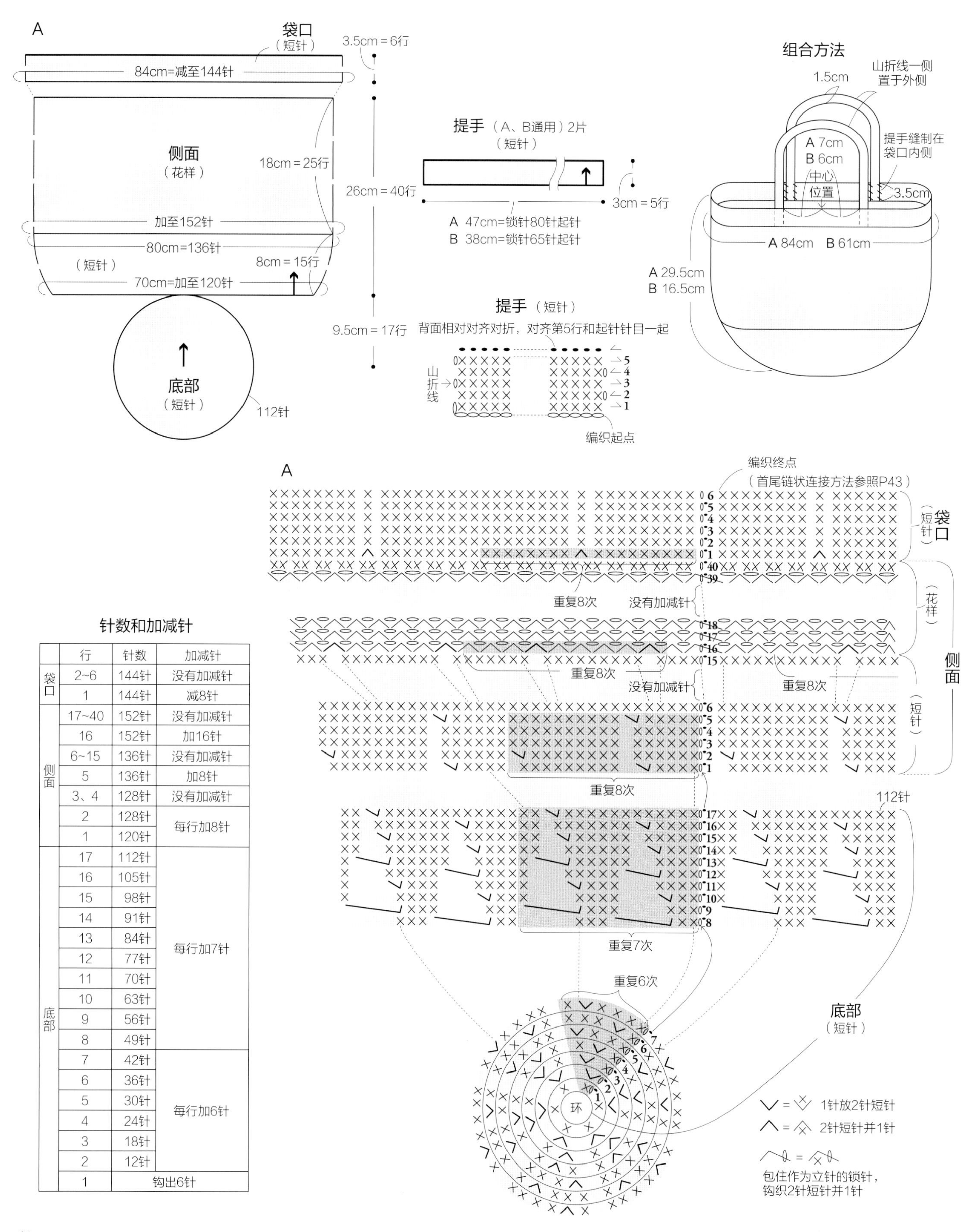

针数和加减针

	行	针数	加减针
袋口	2~6	144针	没有加减针
	1	144针	减8针
侧面	17~40	152针	没有加减针
	16	152针	加16针
	6~15	136针	没有加减针
	5	136针	加8针
	3、4	128针	没有加减针
	2	128针	每行加8针
	1	120针	
底部	17	112针	每行加7针
	16	105针	
	15	98针	
	14	91针	
	13	84针	
	12	77针	
	11	70针	
	10	63针	
	9	56针	
	8	49针	
	7	42针	每行加6针
	6	36针	
	5	30针	
	4	24针	
	3	18针	
	2	12针	
	1	钩出6针	

使作品美观的小技巧

边缘定型

● 钩编开始（编织起点）

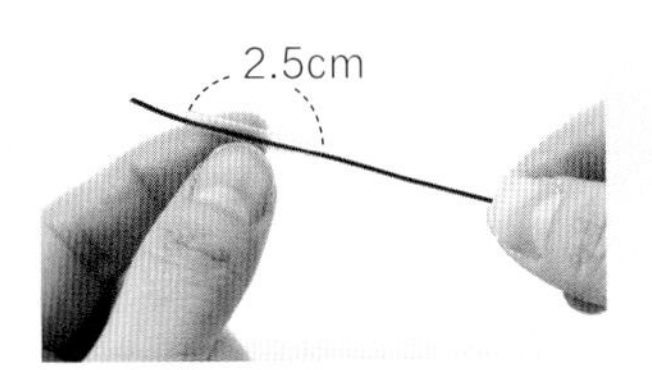

1 剪出2.5cm长的热收缩管，穿过边缘定型线。

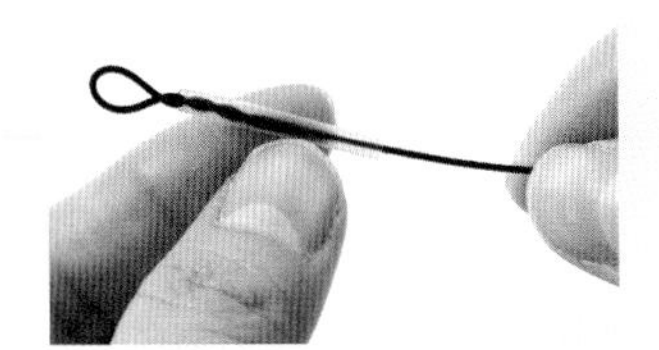

2 从热收缩管中拉出线的前端，往回折一段并捻转几圈，形成一个环（环的大小可以穿过钩针针头）。捻转的部分穿回热收缩管，用吹风机的暖风加热，使热收缩管缩紧。

3 钩织锁针作为立针，钩针插入钩编开始的针目和边缘定型线的环，钩织短针。

4 接着包住边缘定型线，继续钩织短针。

● 钩编完成（编织终点）

1 钩织至距离终点还余5针的位置，整理帽形。

2 将边缘定型线修剪成还余5针的两倍的长度。

3 以“钩编开始”步骤**1**、**2**同样的方法，穿过热收缩管，捻转边缘定型线，形成一个环。

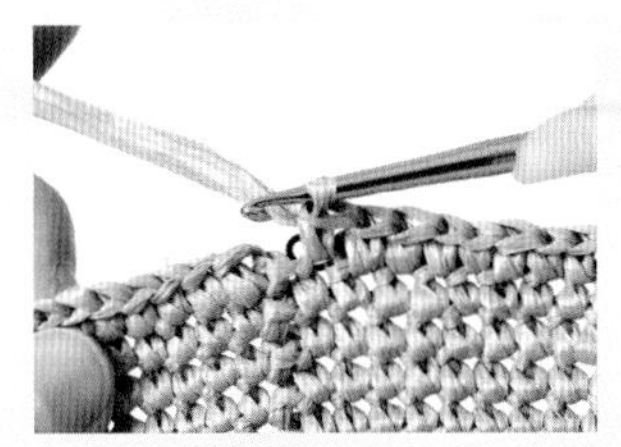

4 钩织至还余最后一针时，以“钩编开始”步骤同样的方法，钩针插入最后一针的针目和边缘定型线的环，钩织短针。

首尾链状连接

*为了便于理解，步骤2~4换成其他颜色的线进行示范。

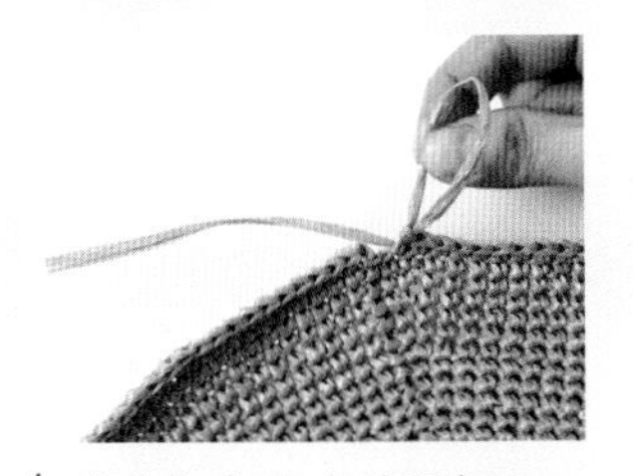

1 钩编完成后，将线留出15cm左右，退出钩针，拉出线尾。

2 线尾穿上毛线缝针，挑第一针的针目（2根线）。

3 再将针穿回最后一针针目。

4 拉紧线，形成1针锁针。干净漂亮地连接了第一针和最后一针。

整理作品形状

在帽子、包袋中填充报纸或毛巾等，整理形状。使用蒸汽熨斗，距离织物2~3cm熨烫，整理形状，放置至完全干燥。使用喷胶，可以使成品的形状维持较久。使用防水喷雾，可以防水、防污。

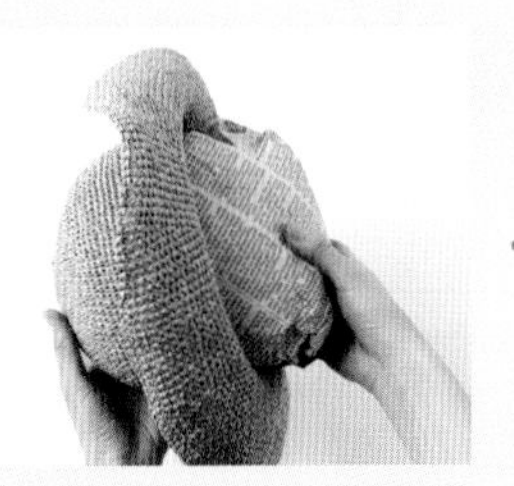

→

喷胶
（H204-614）

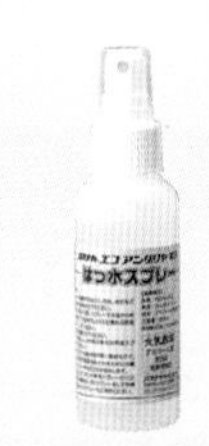

防水喷雾
（H204-634）

Item 15

短针的反拉针拎包

制作方法：P46

从后侧入针引拔钩织的短针的反拉针，和短针交错钩织，展现出条纹花样。

设计：杉山朋　线材：和麻纳卡 Comacoma

15 短针的反拉针拎包　图片：P44

线	○和麻纳卡 Comacoma（40g/团）360g 【A】棕色（10）【B】米色（2）
针	○和麻纳卡 双头钩针8/0号
钩织密度	短针、花样 13针13.5行=10cm×10cm
完成尺寸	参照图示

●钩织方法

使用1股线钩织。

线头绕成环，钩出6针短针。从第2行开始用短针钩织底部，参照图解加针。继续钩织侧面花样。在袋口和提手（外侧）的指定位置钩25针锁针起针，继续钩织短针。在提手（内侧）的指定位置加线，钩织短针。

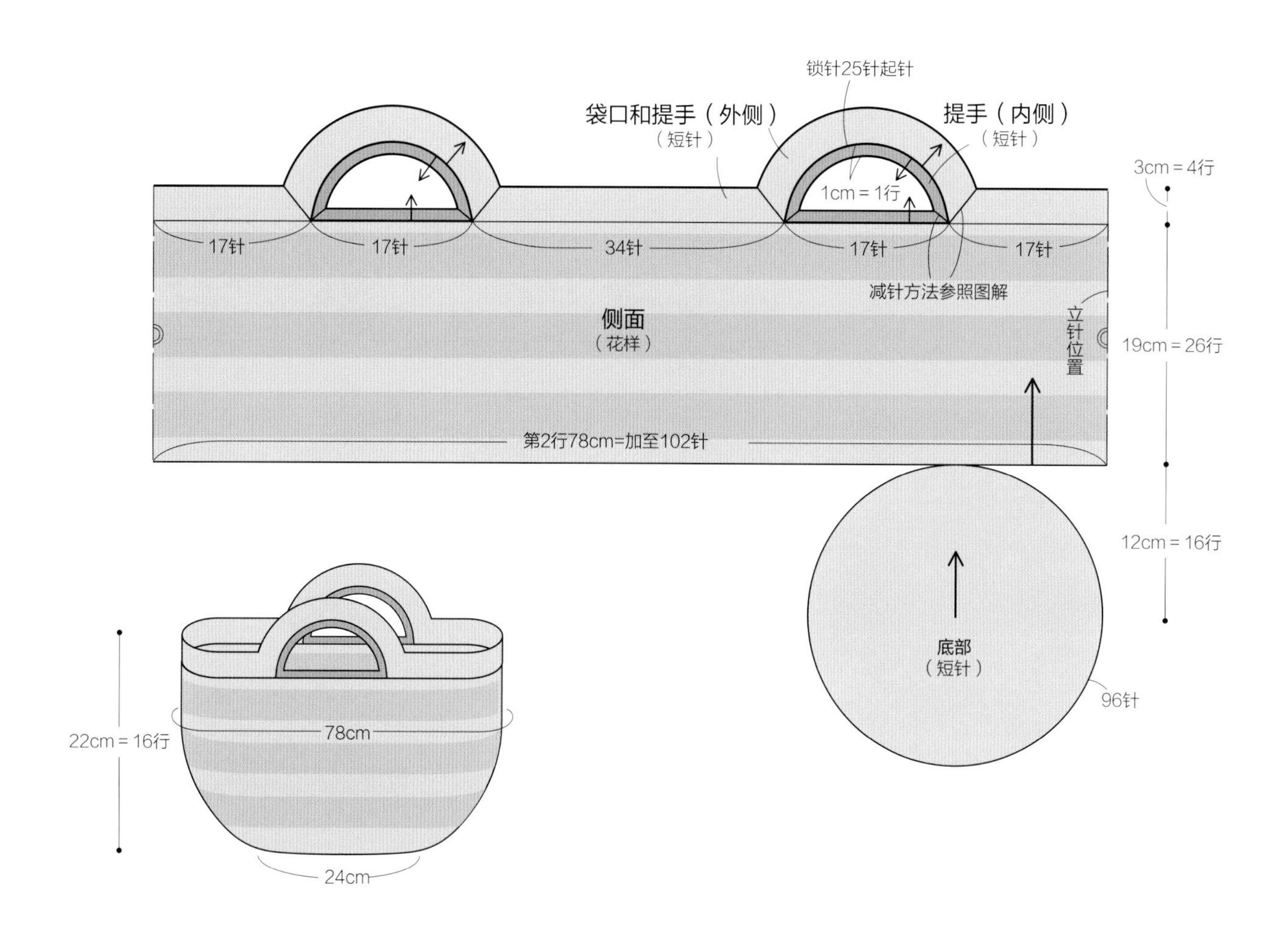

短针的反拉针

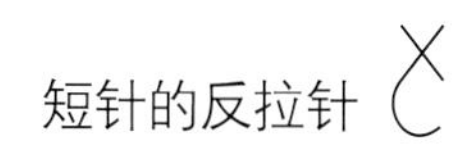

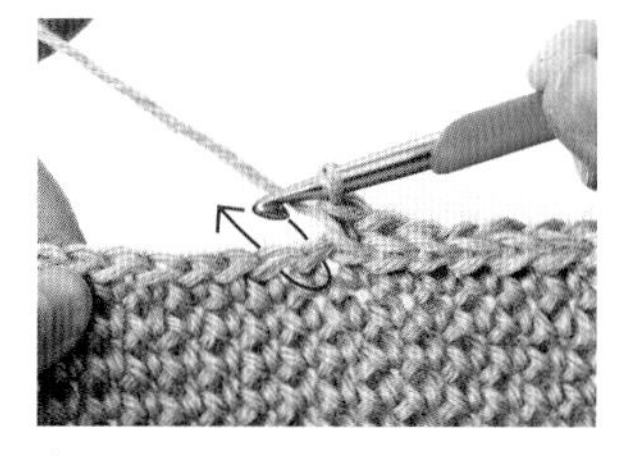

1 钩针从后侧插入，挑前一行短针的根部。

2 钩针挂线，沿箭头方向，在织物后侧引拔出稍长一点的线圈。

3 按钩织短针的方法钩织。

4 在前一行针目的正面出现锁针针目的样子。

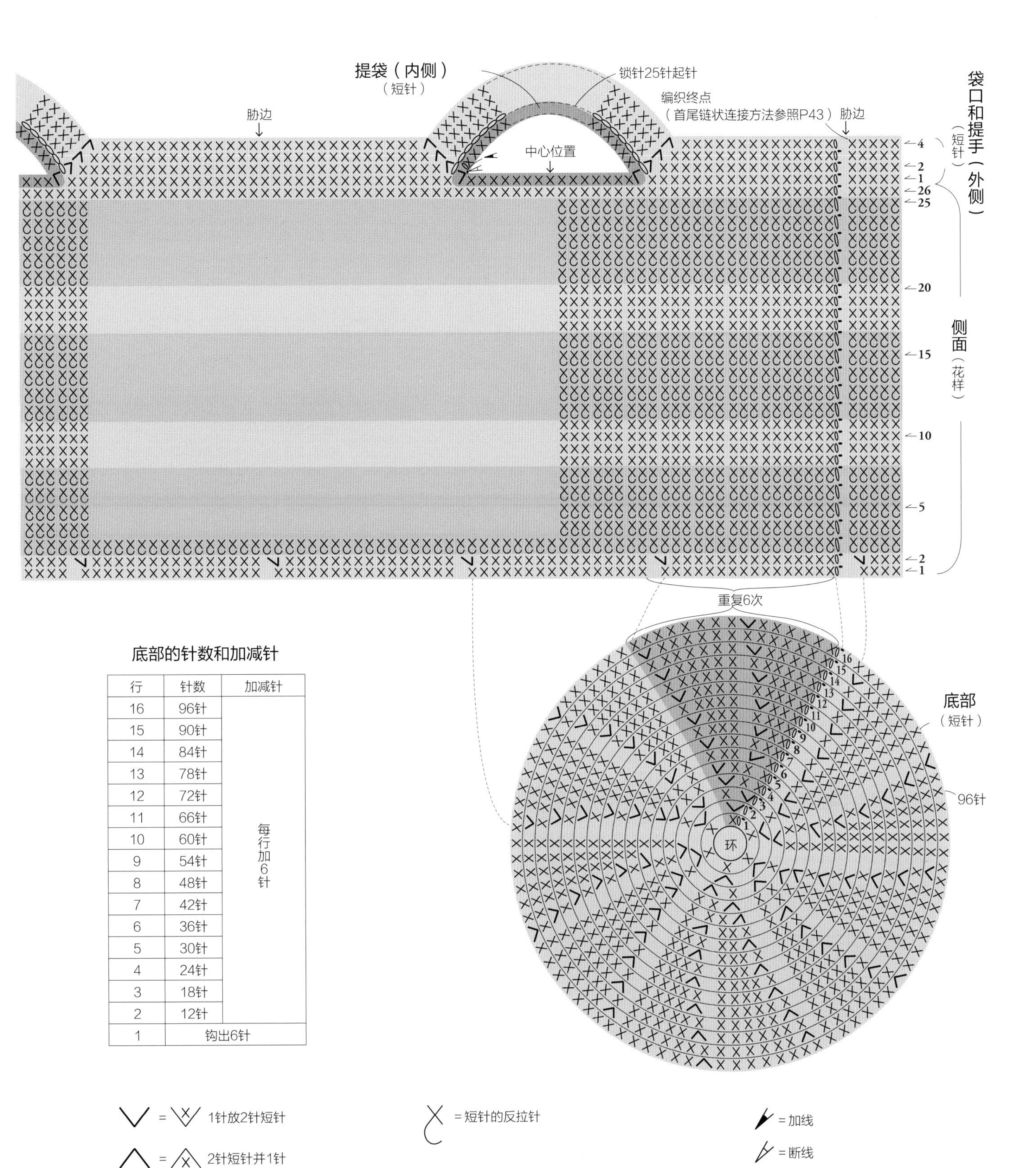

底部的针数和加减针

行	针数	加减针
16	96针	每行加6针
15	90针	
14	84针	
13	78针	
12	72针	
11	66针	
10	60针	
9	54针	
8	48针	
7	42针	
6	36针	
5	30针	
4	24针	
3	18针	
2	12针	
1	钩出6针	

Item 16

花样钩织托特包

制作方法：P50

组合锁针和短针，是相当简单的钩织方法。每一行改变线材颜色，形成了别致的花样。清淡的颜色和天然的麻线材质，很好地衬托出托特包的可爱风格。

设计: 桥本真由子　线材: 和麻纳卡Comacoma

Item 17

花样钩织购物袋

制作方法：P52

交替钩织短针条纹针和枣形针。袋口的贝壳边装饰极具女性温柔亲和的特点。这款包的尺寸较大，能收纳很多东西，非常好用！

设计：桥本真由子　线材：和麻纳卡 Comacoma

16 花样钩织托特包 图片：P48

线	○和麻纳卡 Comacoma（40g/团） 灰色（13）180g 白色（1）100g
针	○和麻纳卡 双头钩针8/0号
钩织密度	短针 13.5针16行=10cm×10cm 花样 13.5针14.5行=10cm×10cm
完成尺寸	参照图示

●钩织方法

使用1股线钩织。除侧面的条纹花样之外都使用灰色线钩织。底部钩21针锁针起针，继续钩织短针，参照图解加针。侧面钩织短针和条纹花样，没有加减针。提手钩38针锁针起针，袋口和提手继续钩织短针。

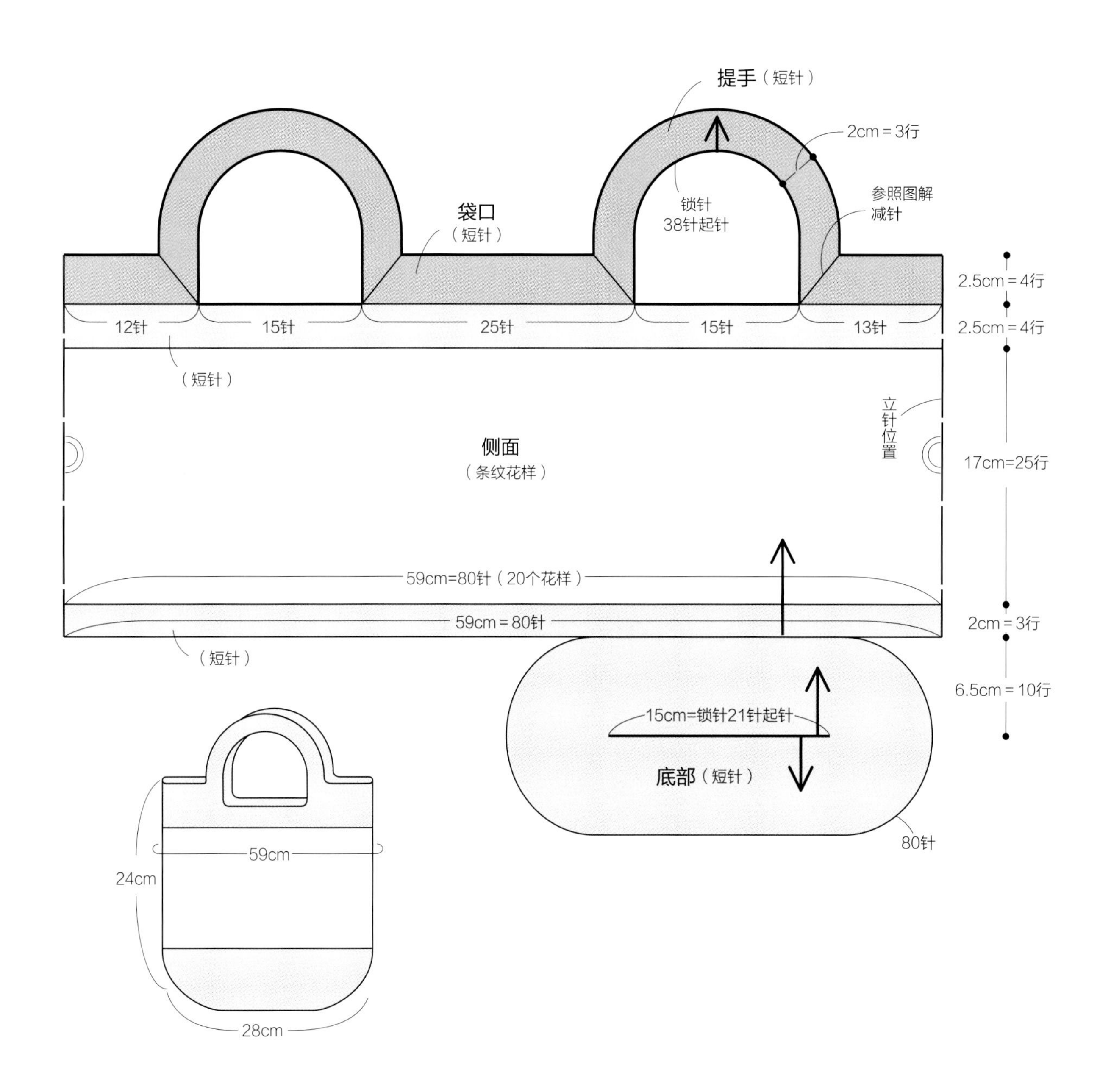

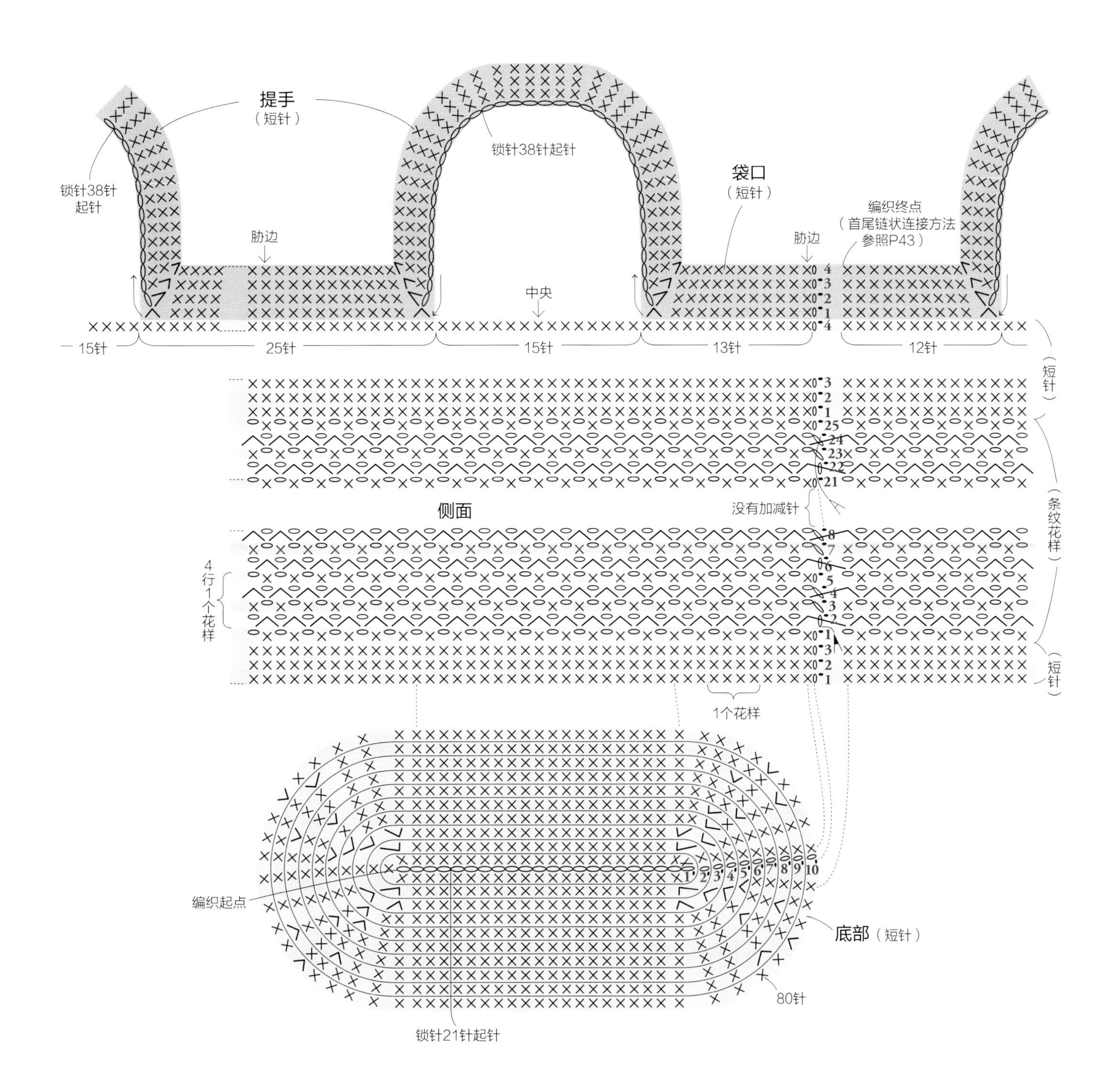

侧面条纹花样的配色

行	配色
25	灰色
24	白色
⋮	
3	灰色
2	白色
1	灰色

（1～2行）重复

底部的针数和加减针

行	针数	加减针
10	80针	每行加4针
9	76针	
8	72针	
7	68针	没有加减针
6	68针	每行加4针
5	64针	
4	60针	
3	56针	加8针
2	48针	加4针
1	从锁针两侧挑44针	

17 花样钩织购物袋 图片：P49

线　○和麻纳卡 Comacoma（40g/团）灰色（13）440g
针　○和麻纳卡 双头钩针8/0号
钩织密度　短针条纹针 13针13行=10cm×10cm
完成尺寸　参照图示

●钩织方法

使用1股线钩织。

线头绕成环，钩出7针短针。第2行开始钩织底部的短针条纹针，参照图解加针。继续钩织侧面的短针条纹针和花样，参照图解加针。继续钩织边缘。提手钩65针锁针起针，参照图解钩织短针和引拔针。提手缝制在侧面内侧。

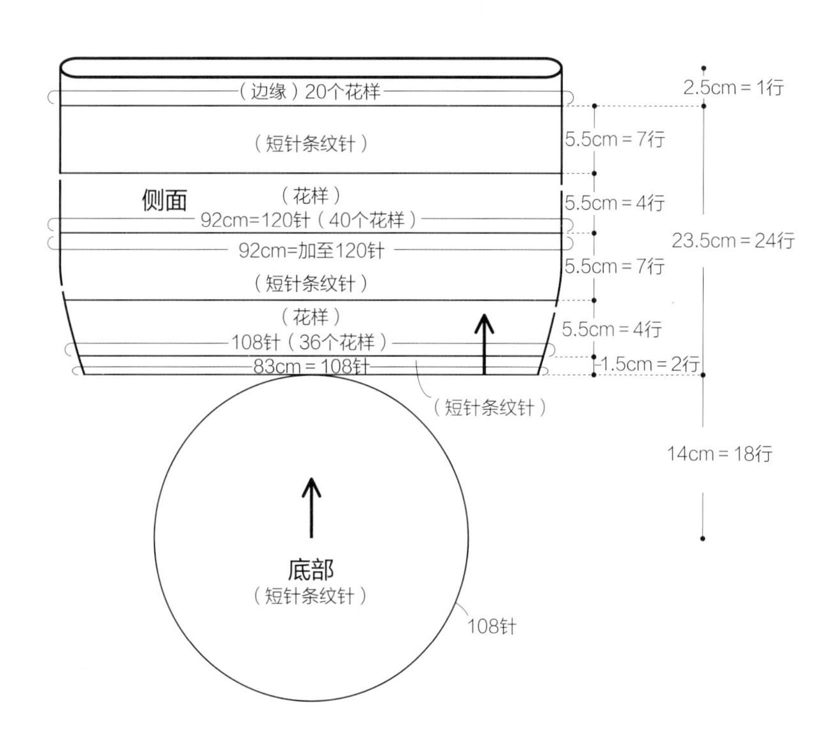

针数和加减针

	行	针数	加减针
边缘	1	20个花样	参照图解
侧面	18~24	120针	没有加减针
	17	120针	参照图解
	16	120针(40个花样)	
	15	120针	
	14	120针(40个花样)	
	13	120针	没有加减针
	12	120针	加6针
	8~11	114针	没有加减针
	7	114针	加6针
	6	108针	参照图解
	5	108针(36个花样)	
	4	108针	
	3	108针(36个花样)	
	2	108针	没有加减针
	1		
底部	18	108针	每行加6针
	17	102针	
	16	96针	没有加减针
	15	96针	每行加6针
	14	90针	
	13	84针	没有加减针
	12	84针	每行加7针
	11	77针	
	10	70针	
	9	63针	
	8	56针	
	7	49针	
	6	42针	
	5	35针	
	4	28针	
	3	21针	
	2	14针	
	1	钩出7针	

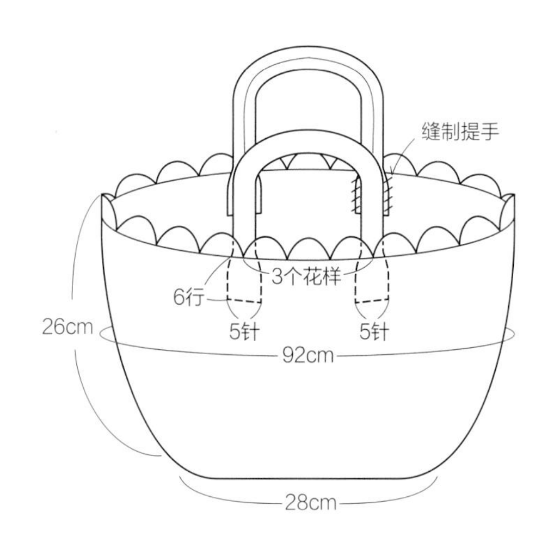

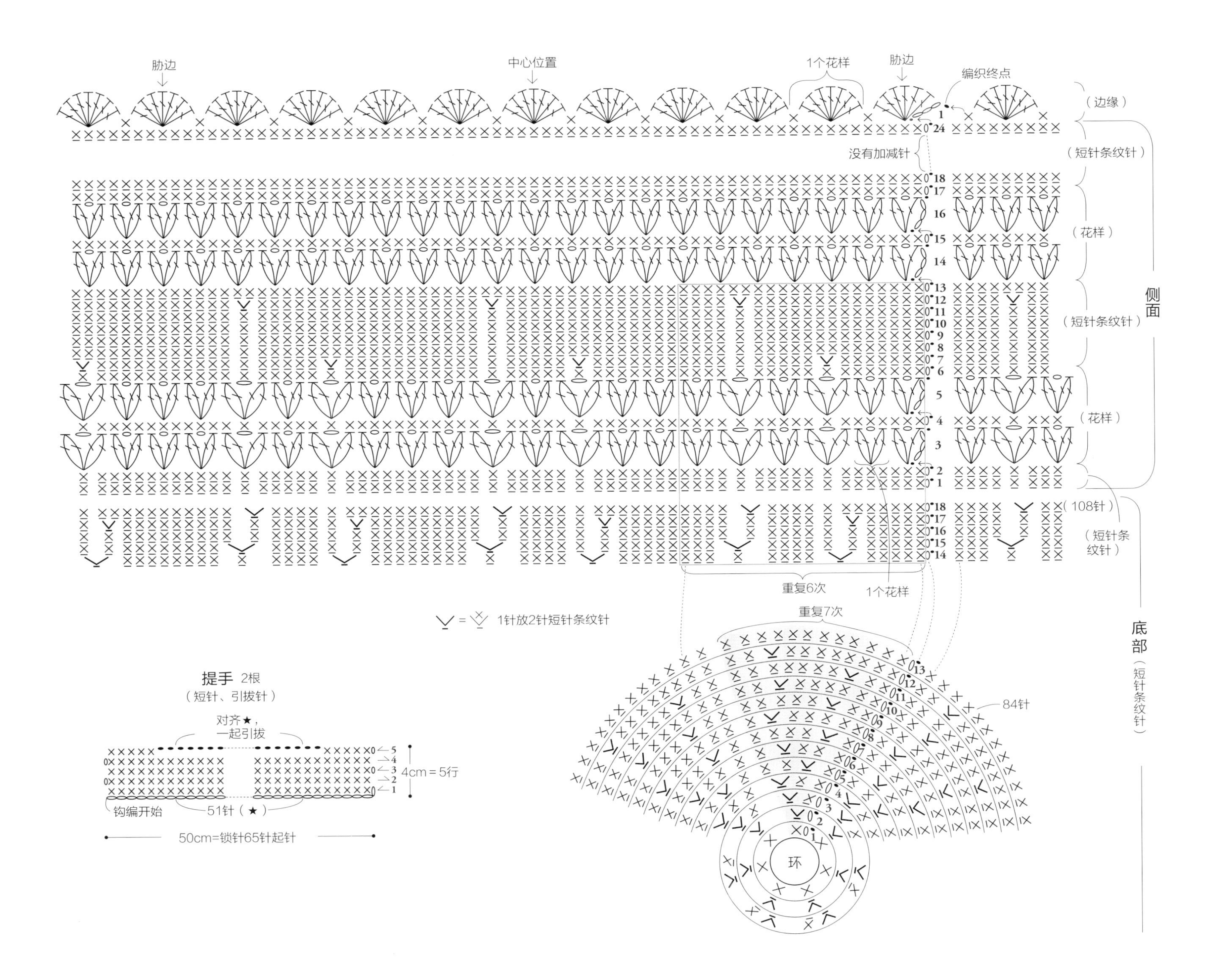
肋边
中心位置
1个花样
肋边
编织终点
（边缘）
（短针条纹针）
（花样）
（短针条纹针）
（花样）
侧面
没有加减针
（108针）
（短针条纹针）
重复6次
1个花样
重复7次
底部（短针条纹针）
84针
环
1针放2针短针条纹针
提手 2根
（短针、引拔针）
对齐★，一起引拔
4cm=5行
钩编开始
51针（★）
50cm=锁针65针起针

Item 18

并线钩织手提袋

制作方法：P56

A

B

对齐麻线和ECO ANDARIA环保线，并线钩织成浅袋身的购物袋款式。两种不同线材，不同颜色的组合，混搭出温柔恬静的风情。

设计：风工房
线材：和麻纳卡 Comacoma、ECO ANDARIA（Crochet）

线 ○和麻纳卡 Comacoma（40g/团）240g
【A】白色（1）【B】钴蓝色（16）
○和麻纳卡 ECO ANDARIA（Crochet）（30g/团）50g
【A】红色（805）【B】白色（801）
针 ○和麻纳卡 双头钩针10/0号
钩织密度 短针 13针12行=10cm×10cm
完成尺寸 参照图示

●钩织方法

使用Comacoma 和ECO ANDARIA（Crochet）各1股，2股线一起钩织。

线头绕成环起针，钩出8针短针。从第2行开始用短针钩织底部，按照图解加针。在指定位置钩19针锁针起针，继续按照图解钩织袋口和提手。

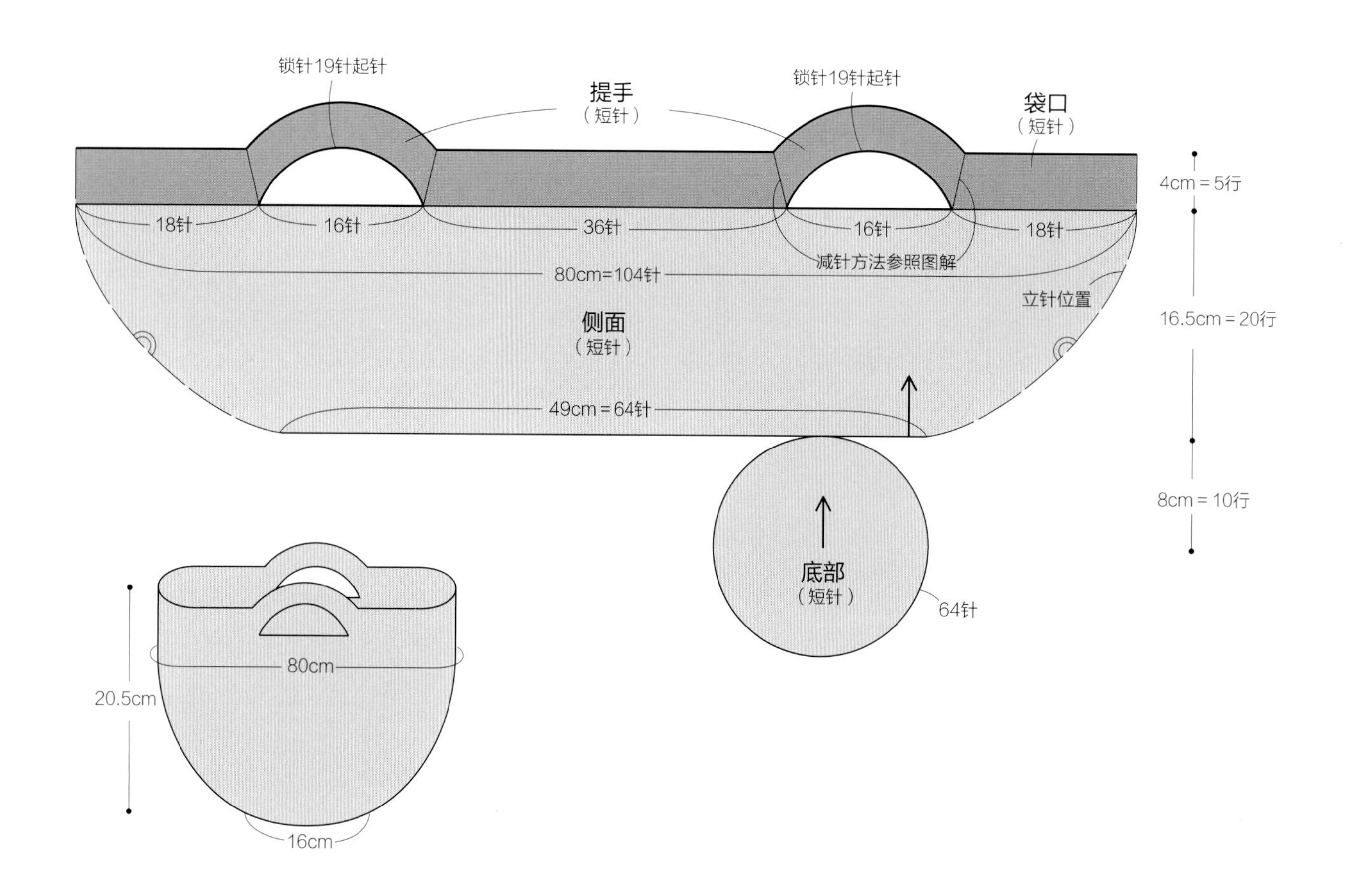

并线方法

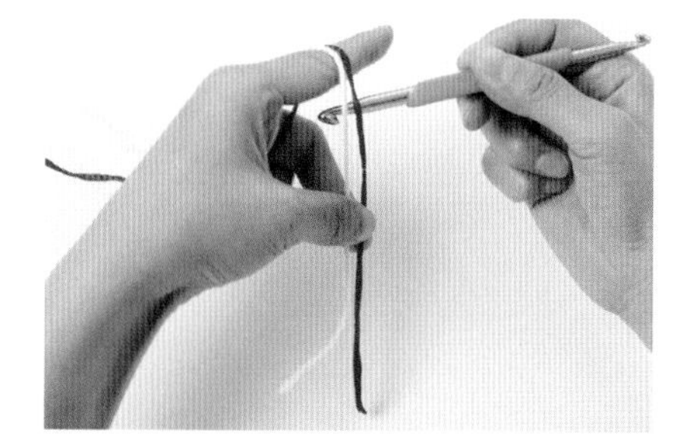

1 分别取出两种线的线头，对齐两股线，左手持线。

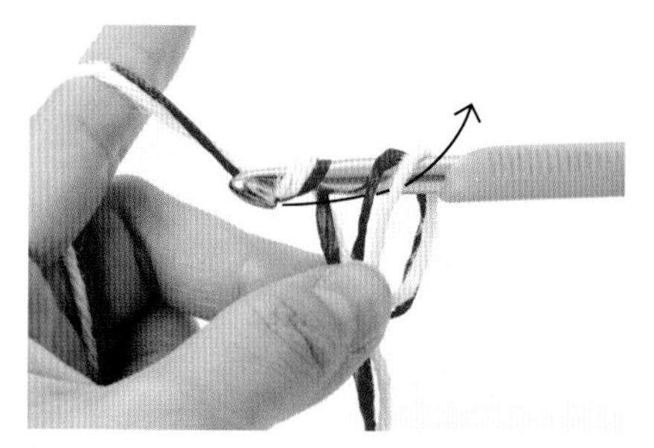

2 两股线并线钩织。钩织时注意两股线保持松紧一致。

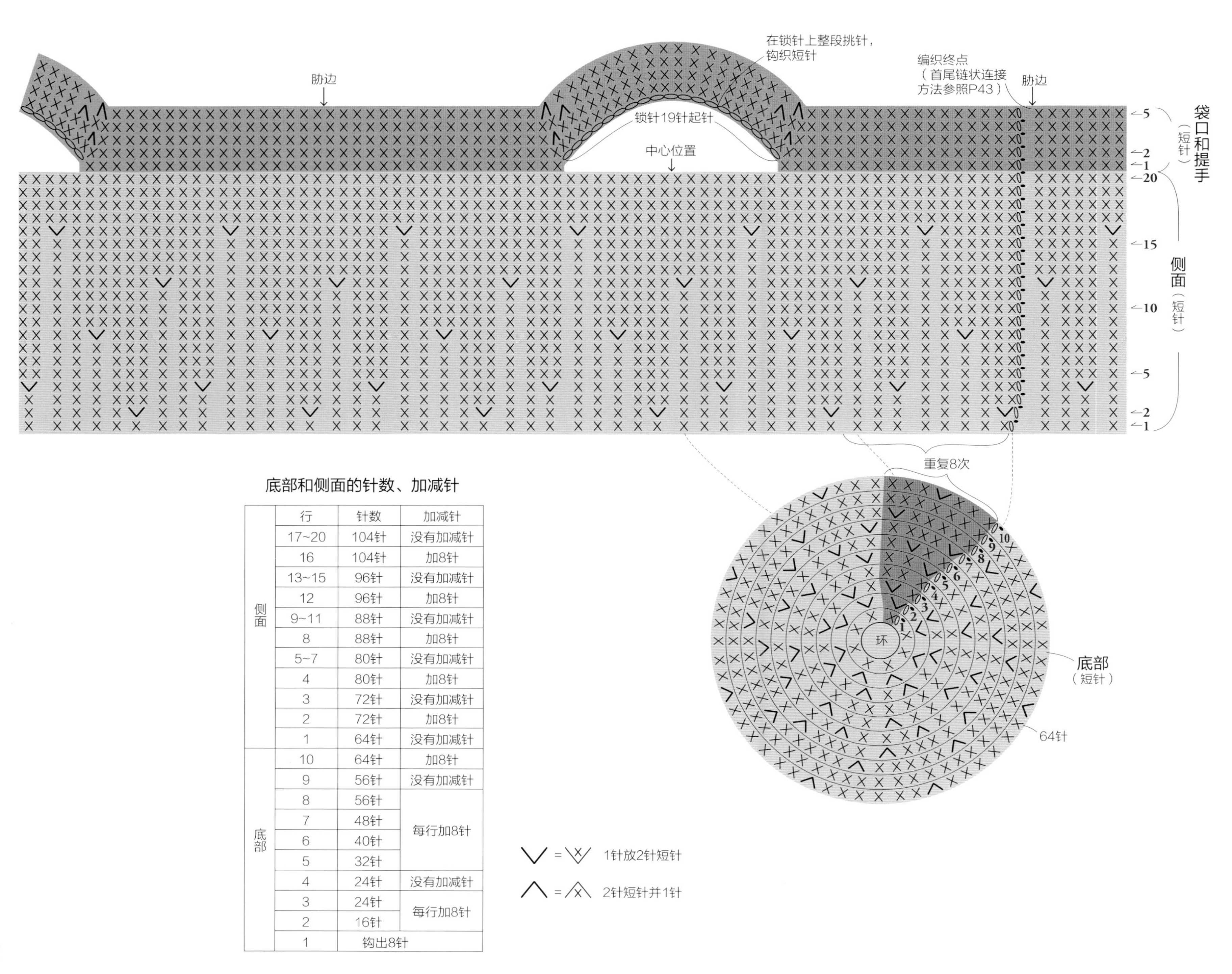

底部和侧面的针数、加减针

	行	针数	加减针
侧面	17~20	104针	没有加减针
	16	104针	加8针
	13~15	96针	没有加减针
	12	96针	加8针
	9~11	88针	没有加减针
	8	88针	加8针
	5~7	80针	没有加减针
	4	80针	加8针
	3	72针	没有加减针
	2	72针	加8针
	1	64针	没有加减针
底部	10	64针	加8针
	9	56针	没有加减针
	8	56针	每行加8针
	7	48针	
	6	40针	
	5	32针	
	4	24针	没有加减针
	3	24针	每行加8针
	2	16针	
	1	钩出8针	

Item 19

镂空单肩包

制作方法：P60

这是一款造型圆润、线条流畅的包袋。
锁针和中长针交替钩织，就呈现出镂空的效果，相当简单易上手。

设计：Ronique　线材：和麻纳卡Comacoma

B

19 镂空单肩包 图片：P58

线	○和麻纳卡 Comacoma（40g/团）470g 【A】苔绿色（9）【B】米色（2）
针	○和麻纳卡 双头钩针8/0号
钩织密度	短针 14针15行=10cm×10cm 花样 14针=10cm 8行=8cm
完成尺寸	参照图示

●钩织方法

使用1股线钩织。

底部钩26针锁针起针，继续钩织短针，按照图解加针。圈钩侧面的短针和花样，没有加减针。提手基础部分和提手在指定位置加线，往返钩织短针。对齐提手的合印记号点，用卷针缝缝合。

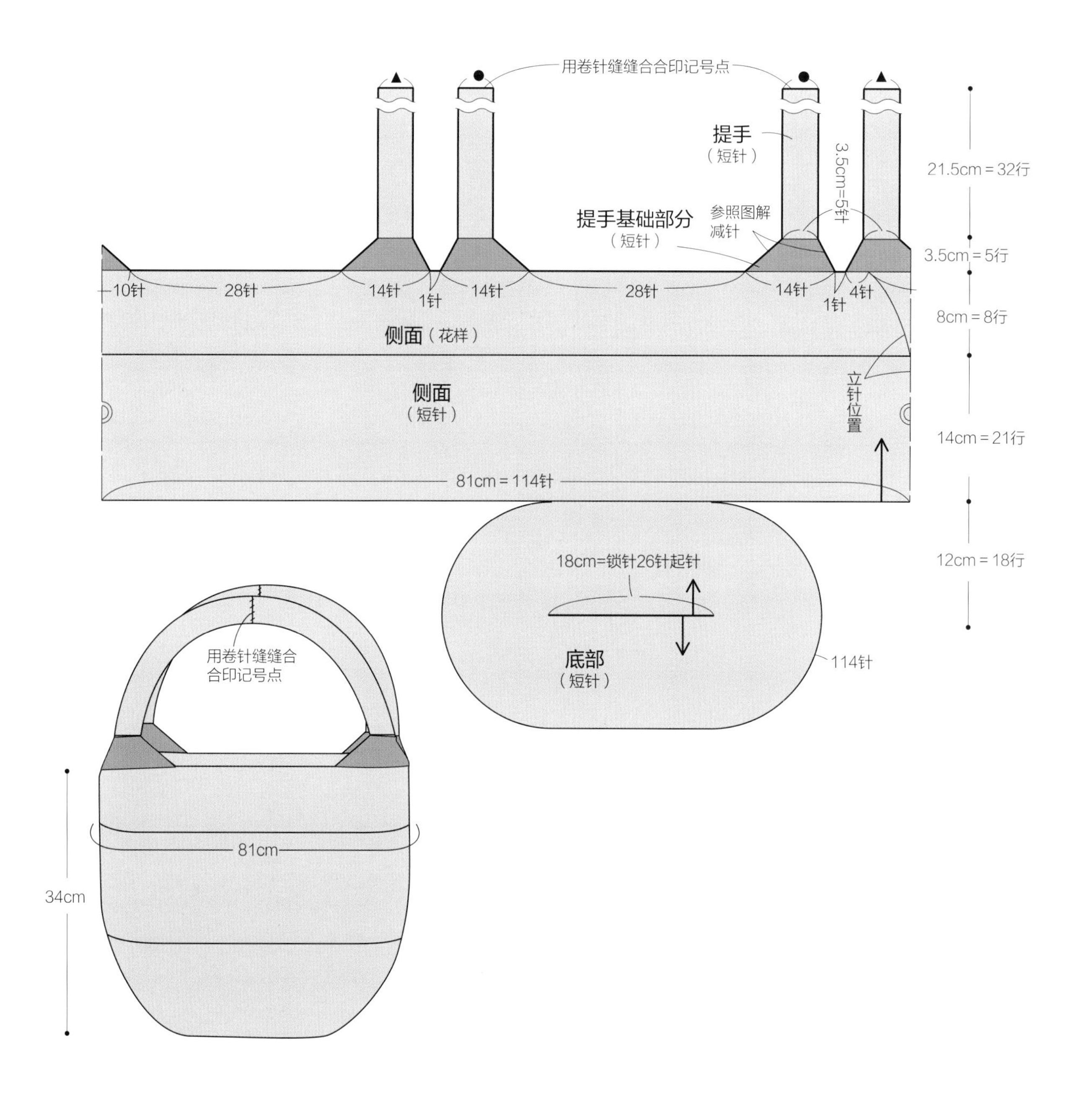

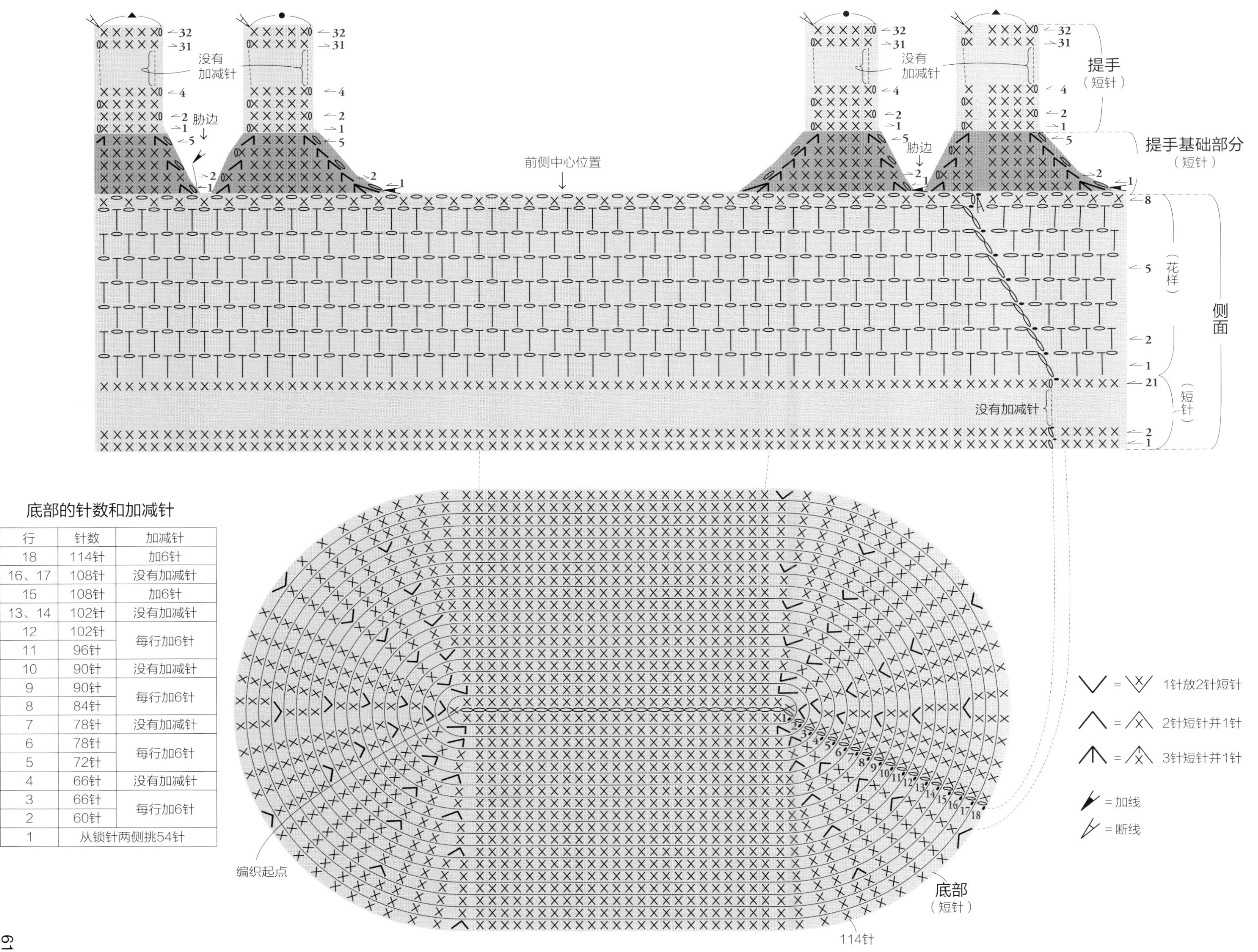

底部的针数和加减针

行	针数	加减针
18	114针	加6针
16、17	108针	没有加减针
15	108针	加6针
13、14	102针	没有加减针
12	102针	每行加6针
11	96针	
10	90针	没有加减针
9	90针	每行加6针
8	84针	
7	78针	没有加减针
6	78针	每行加6针
5	72针	
4	66针	没有加减针
3	66针	每行加6针
2	60针	
1	从锁针两侧挑54针	

Item 20

单荷叶边长围巾

制作方法：P63

在方眼蕾丝的单侧钩织荷叶边花样。随意地在脖子上围一圈，就像是衣领上生出的华美装饰。

设计：深濑智美　线材：和麻纳卡 Wash Cotton（Crochet）

20 单荷叶边长围巾 图片：P62

线	○和麻纳卡 Wash Cotton（Crochet）（25g/团） 白色（101）120g
针	○和麻纳卡 双头钩针3/0号
钩织密度	34.5针12行=10cm×10cm
完成尺寸	宽16.5cm、长150.5cm

●钩织方法

使用1股线钩织。

钩45针锁针起针，钩织177行花样，没有加减针。

继续在单侧往返钩织3行边缘。

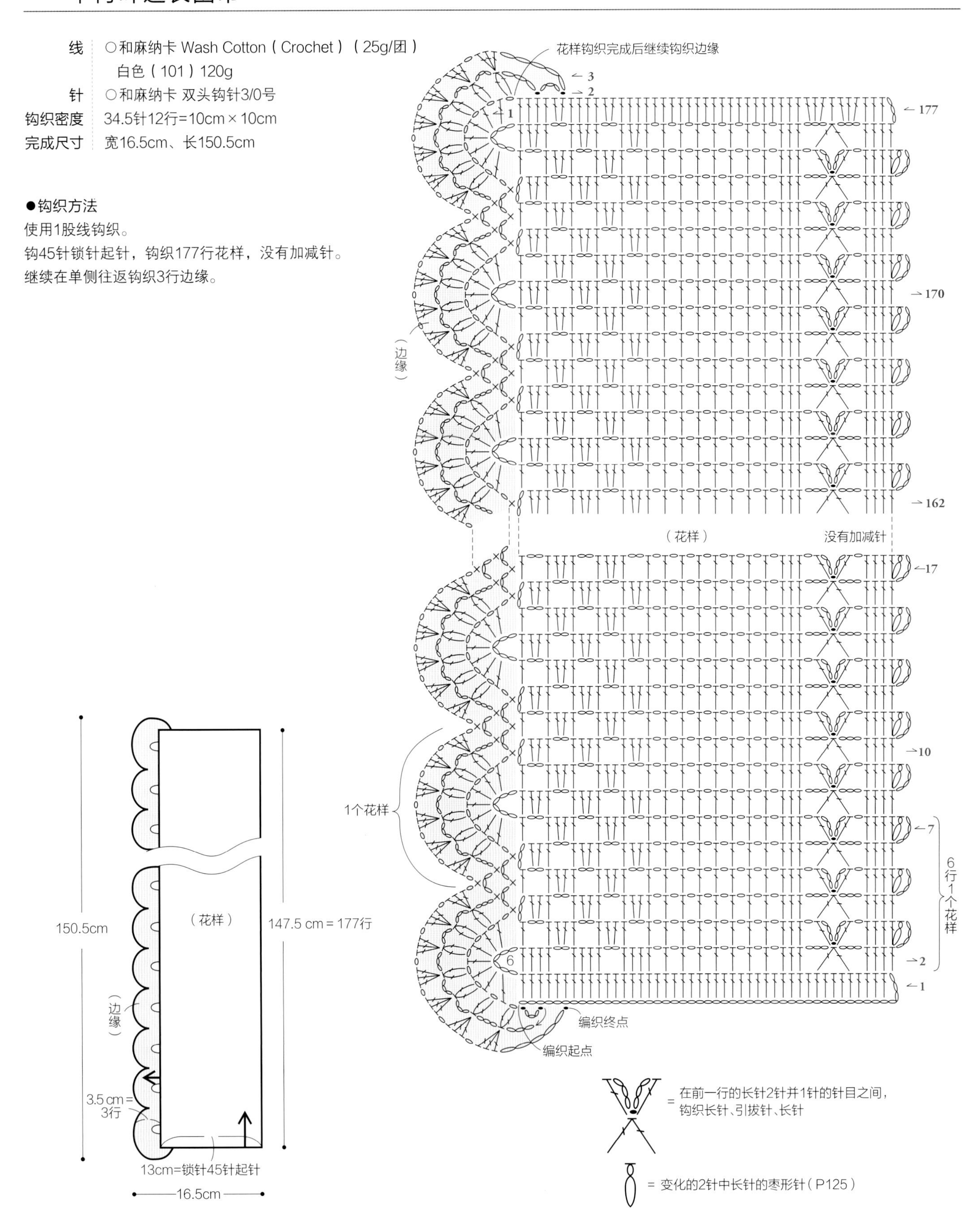

Item 21

方格网眼拎包

制作方法：P66

A

运用方眼花样钩织的简洁包款。不用时可以折叠成小小一团收起来。用于日常上街购物，或是在厨房盛放蔬菜，都很合适。

设计：青木惠理子　线材：和麻纳卡 Flax K

B

21 方格网眼拎包 图片：P64

线	○和麻纳卡 Flax K（25g/团）95g 【A】蓝绿色（213） 【B】红色（203）
针	○和麻纳卡 双头钩针5/0号
钩织密度	长针 24针=10cm 5行=4.5cm 方眼钩织 24针9行=10cm×10cm
完成尺寸	袋口宽30cm、高29cm

●钩织方法

使用1股线钩织。

底部钩35针锁针起针，继续钩织长针，按照图解加针。侧面钩织长针和方眼花样，没有加减针，钩织完成后暂时不断线。提手在指定位置加线，钩60针锁针起针，继续钩织长针。袋口和提手（外侧）使用侧面留出的线钩织边缘①，钩织完成后首尾链状连接。袋口和提手（内侧）钩织1行边缘②，钩织完成后首尾链状连接。

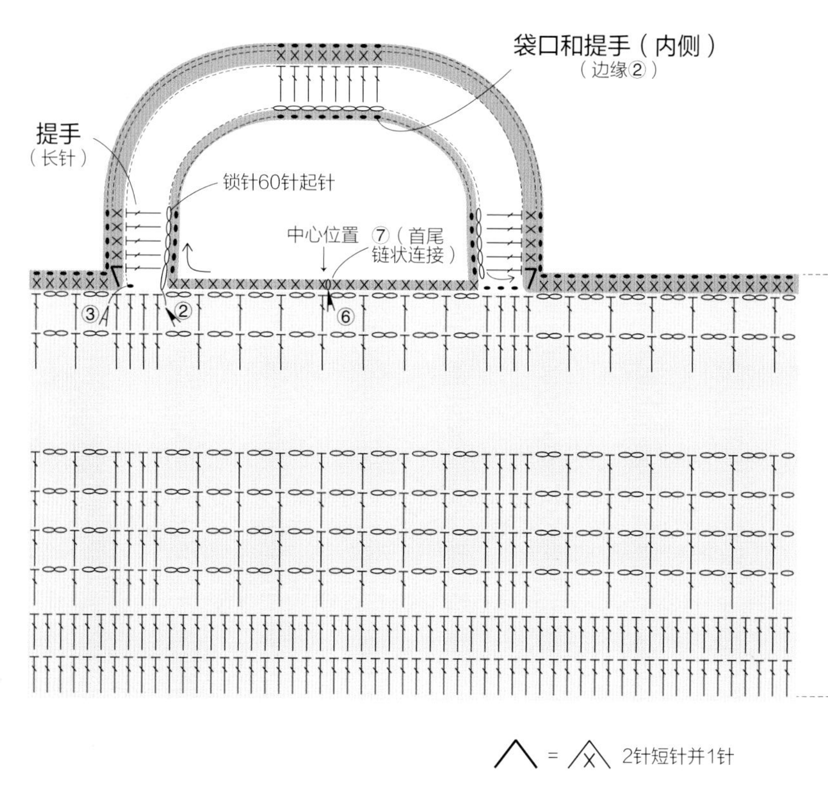

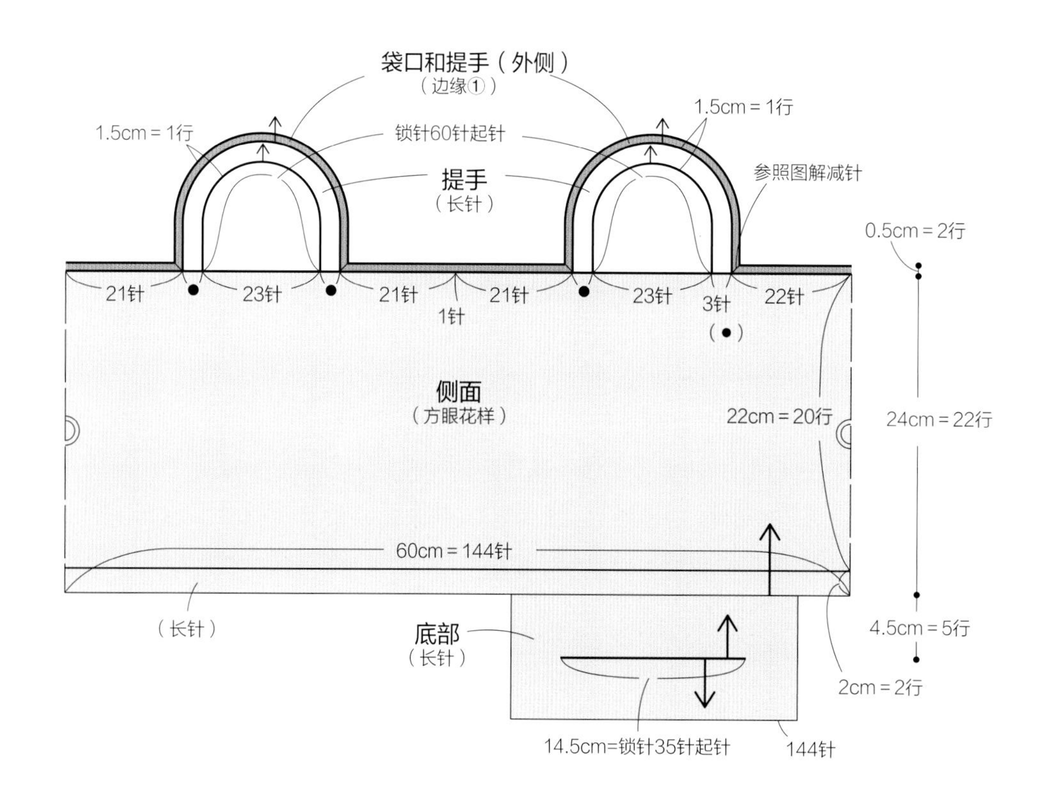

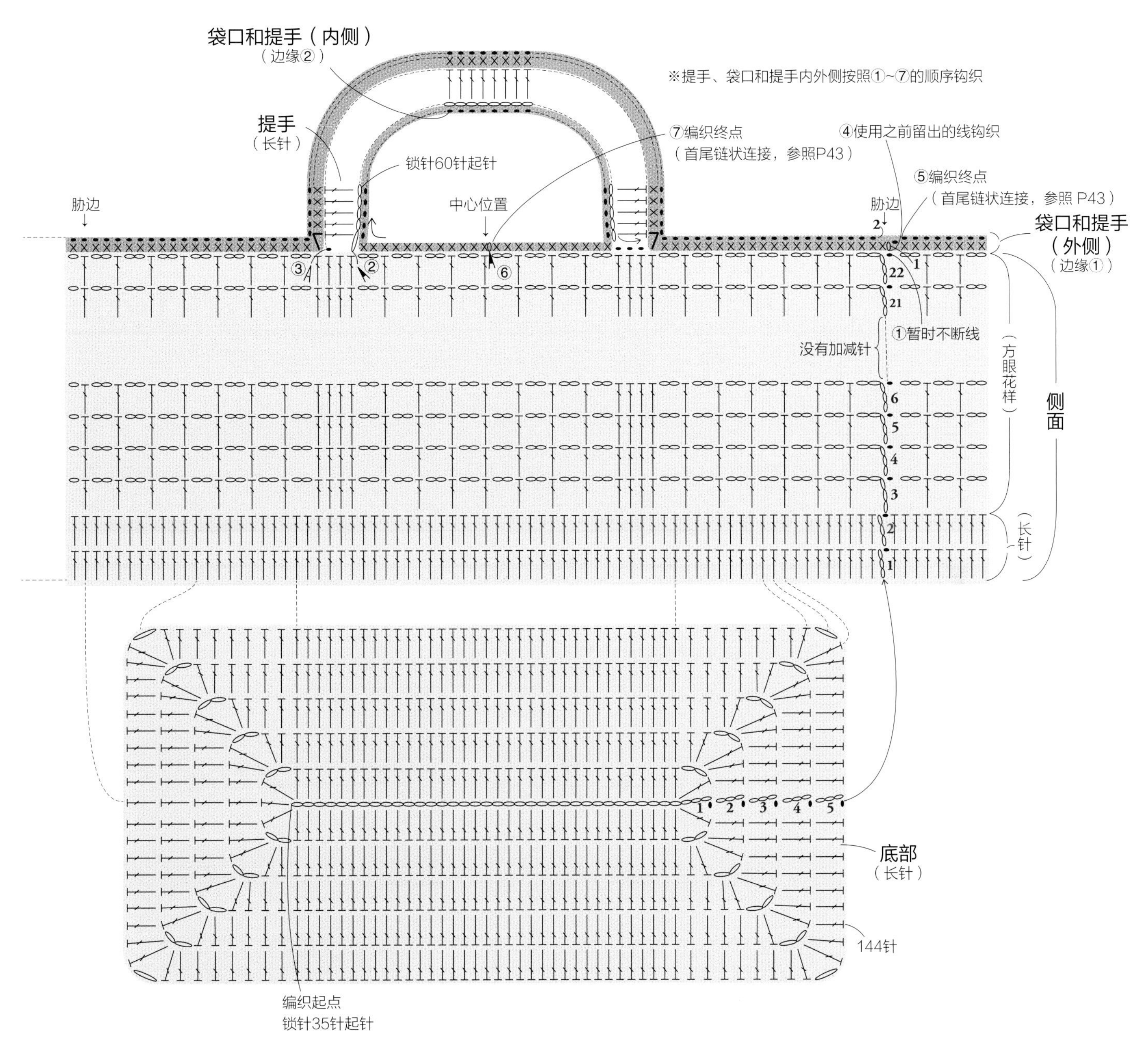

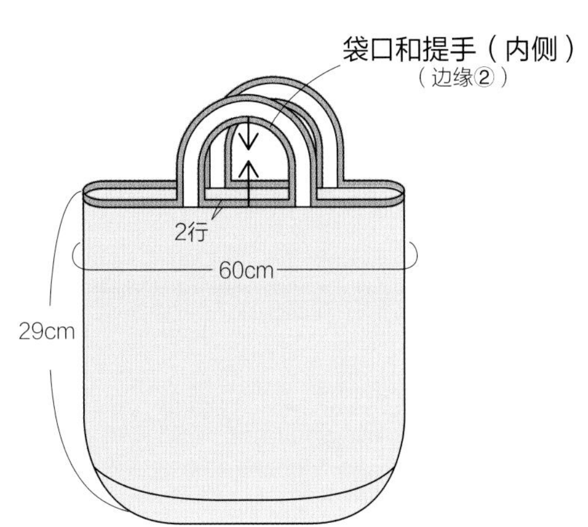

底部的针数和加减针

行	针数	加减针
5	144针	加12针
4	132针	每行加16针
3	116针	
2	100针	
1	钩织84针	

Item 22

花片拼接毯

制作方法：P70

A

钩织方形的小花片拼接起来，尺寸合适，使用方便。无论是当大人的盖毯，还是当宝宝的包被，都是相当不错的选择。

设计：风工房　线材：A.和麻纳卡 Paume（无垢棉）Baby、Paume Baby Color　B.和麻纳卡 Paume（无垢棉）Baby

22 花片拼接毯 图片：P68

线：○和麻纳卡 Paume
【A】(无垢棉)Baby(25g/团)生成色(11)150g
Baby Color(25g/团)蓝色(95)、薄荷绿色(97)各65g
绿色(94)50g
【B】(无垢棉)Baby(25g/团)生成色(11)310g
针：○和麻纳卡 双头钩针5/0号
花片尺寸：8.5cm×8.5cm
完成尺寸：70cm×70cm

●钩织方法
使用1股线，【A】按照指定配色、【B】使用生成色钩织。
线头绕成环起针，按照图解使用指定的配色钩织花片。从第2片开始，钩织最后一行时引拔拼接，共钩织64片。最后一圈钩织1行边缘。

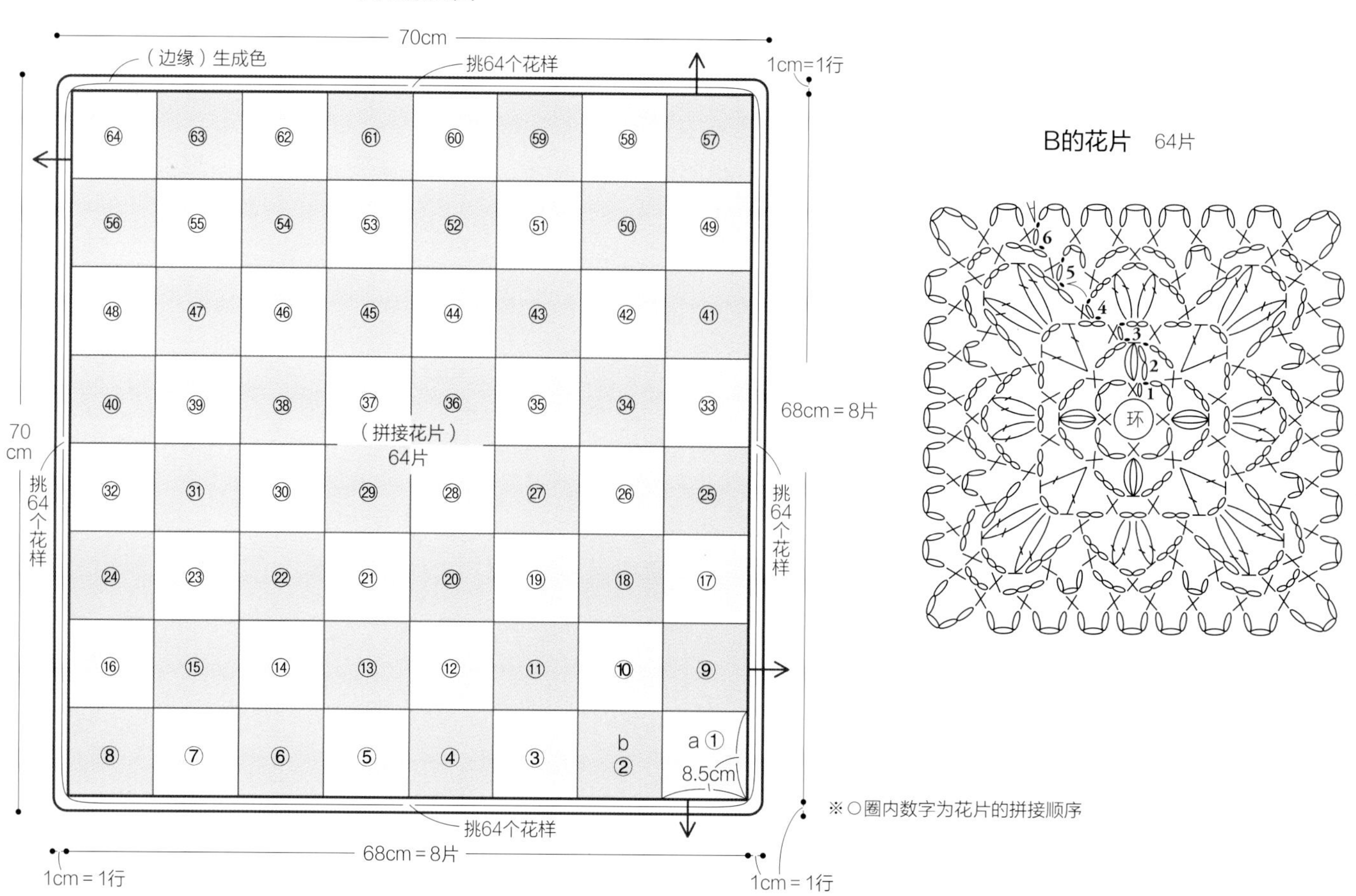

A的花片的钩织方法
花片a、b的拼接方法和边缘钩织

A的花片配色

a、b各32片

行	a	b
第5、6行	生成色	生成色
第3、4行	蓝色	薄荷绿色
第1、2行	绿色	绿色

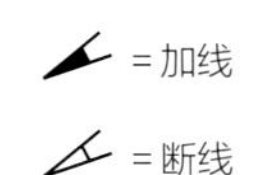

花片的拼接方法

*为了便于理解，换成其他颜色的线进行示范。

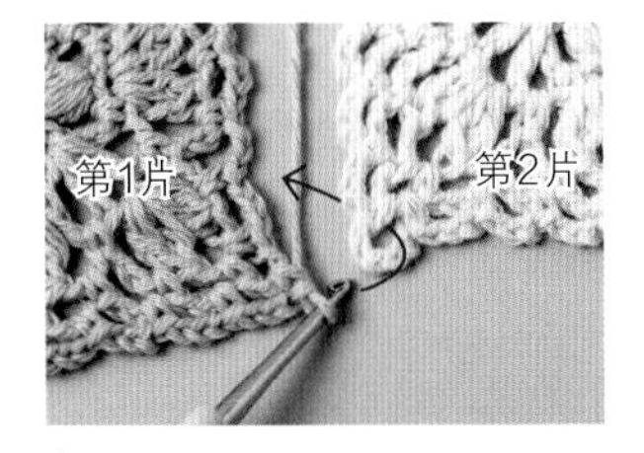

1 钩织第2片花片的引拔针之前，钩针沿箭头方向插入第1片花片。

2 钩针挂线引拔。

3 拼接两个角。继续钩2针锁针。

4 以同样的方法拼接至边端。2片花片拼接完成。

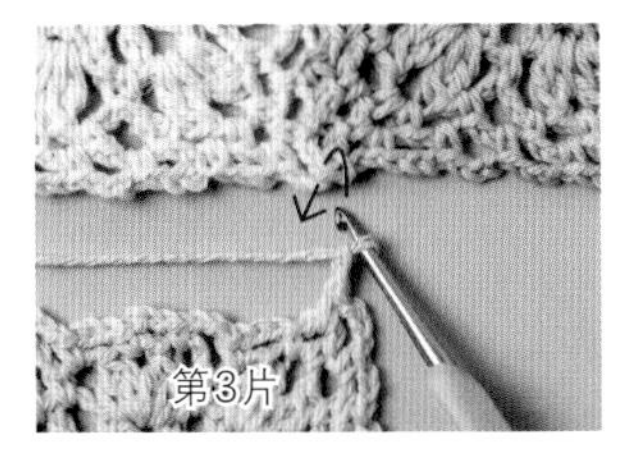

5 拼接第3片花片时，钩针插入第1片和第2片花片拼接的引拔针目根部的2根线。

6 钩针挂线引拔。

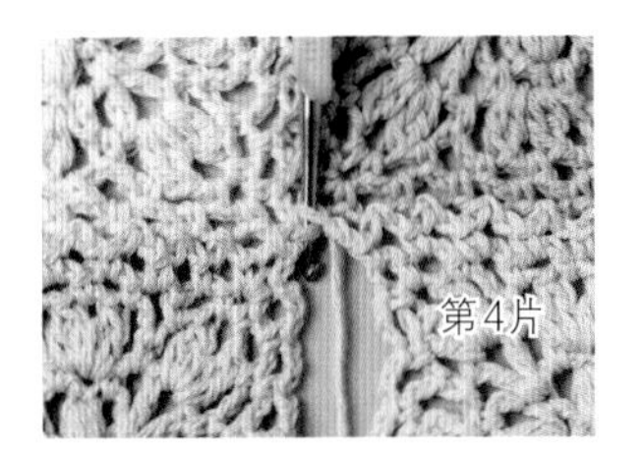

7 拼接第4片花片时，以步骤5、6同样的方法，钩针插入第2片花片针目根部的2根线。

8 4片花片拼接完成。拼接针目集中至一处，这样织物比较平整。

Item 23

小熊玩偶

制作方法：P74

采用触感极佳的有机棉线，用短针钩织小熊玩偶，最适合作为礼物送给孩子。

设计：绿色小熊　线材：和麻纳卡Paume（矿物染）

23 小熊玩偶 图片：P72

线	○和麻纳卡 Paume（矿物染）（25g/团） 【A】灰色（45）95g 奶黄色（41）少许 【B】奶黄色（41）95g 灰色（45）少许
针	○和麻纳卡 双头钩针5/0号
其他	○和麻纳卡 有机填充棉（50g/H434-301）约70g 和麻纳卡 水晶眼睛10.5mm 金色（H220-110-8）1组
钩织密度	短针 23.5针23行=10cm×10cm
完成尺寸	参照图示

●钩织方法

使用1股线钩织。【A】嘴周部分使用奶黄色，其他都使用灰色钩织，【B】除嘴周部分外全部使用奶黄色钩织。

头部钩5针锁针起针，继续钩织短针。在指定的位置插入水晶眼睛，背面安装垫片固定。手、耳朵、嘴周、尾巴线头绕成环，按照图解钩织短针。左脚钩5针锁针起针，钩织18行短针。右脚以同样的方法钩织至第18行，将立针的位置放在内侧，钩3针锁针连接左脚和右脚。继续用短针钩织身体。鼻子和嘴使用灰色线刺绣。将各部分塞棉（耳朵不塞棉），把各部分缝合在一起。

※A 嘴周使用奶黄色，其他都使用灰色钩织
B 全部使用奶黄色钩织
※全部钩织短针

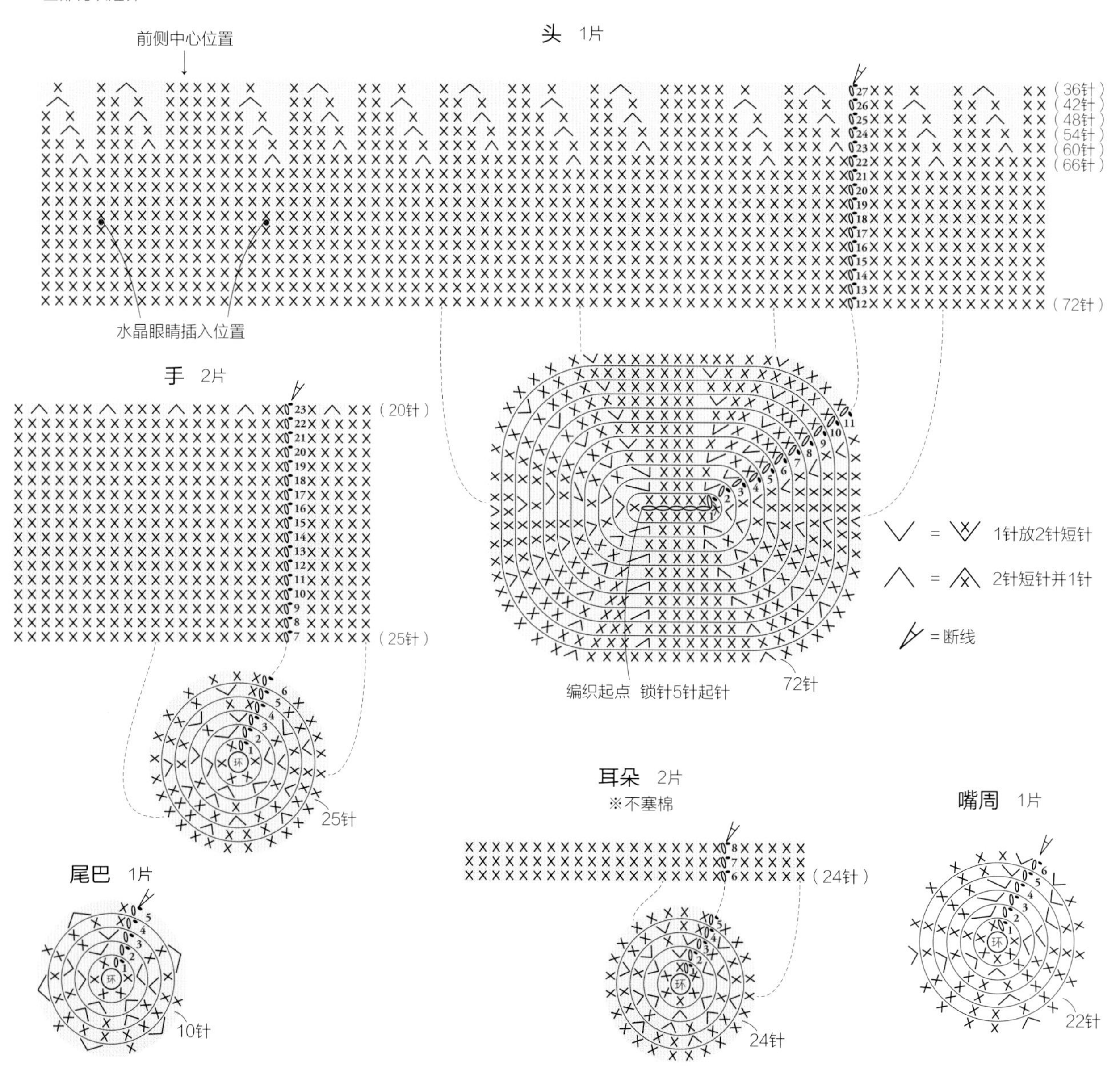

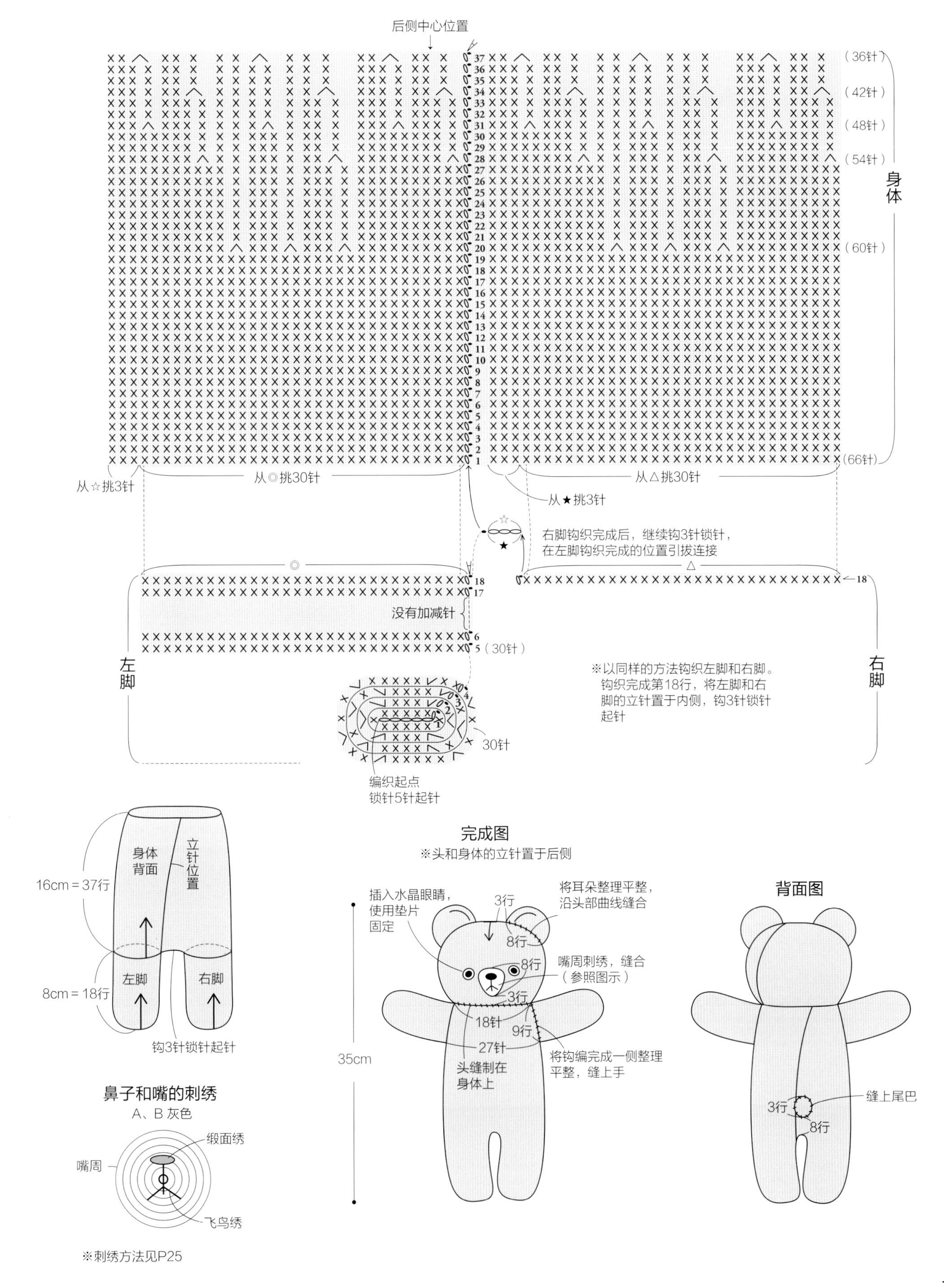

后侧中心位置
(36针)
(42针)
(48针)
(54针)
身体
(60针)
(66针)
从☆挑3针
从◎挑30针
从△挑30针
从★挑3针
右脚钩织完成后，继续钩3针锁针，在左脚钩织完成的位置引拔连接
没有加减针
5(30针)
左脚
右脚
※以同样的方法钩织左脚和右脚。钩织完成第18行，将左脚和右脚的立针置于内侧，钩3针锁针起针
30针
编织起点
锁针5针起针
身体背面
立针位置
16cm=37行
8cm=18行
左脚
右脚
钩3针锁针起针
完成图
※头和身体的立针置于后侧
插入水晶眼睛，使用垫片固定
3行
8行
将耳朵整理平整，沿头部曲线缝合
嘴周刺绣，缝合(参照图示)
3行
18针
9行
27针
头缝制在身体上
将钩编完成一侧整理平整，缝上手
35cm
背面图
缝上尾巴
3行
8行
鼻子和嘴的刺绣
A、B 灰色
缎面绣
嘴周
飞鸟绣
※刺绣方法见P25

Item 24

隔热垫

制作方法：P78

雏菊花样的隔热垫，作为装饰也能为厨房增色添彩，更何况还能当隔热垫呢！钩织2片花片，然后钩织边缘组合在一起。

设计：桥本真由子　线材：和麻纳卡 水洗棉

Item 25

锅垫

制作方法：P79

使用麻线钩织的锅垫，朴实大方又实用。重叠2片环形花片，包在一起钩织一圈短针。厚实的质感，使用起来非常方便。

设计：青木惠理子　线材：和麻纳卡 Comacoma

24 隔热垫 图片：P76

线	○和麻纳卡 水洗棉（40g/团） 【A】薄荷绿色（37）20g 白色（1）10g 【B】粉色（8）20g 白色（1）10g
针	○和麻纳卡 双头钩针5/0号
钩织密度	长针 1行=1.2cm
完成尺寸	直径14.5cm（除去挂绳部分）

●钩织方法

使用1股线，按照指定配色钩织。

花片线头绕成环，钩织6行，按照图解加针。以同样的方法再钩织1片，在第6行指定的位置钩织锁针作为挂绳。2片花片背面相对对齐，使用白色线钩织边缘。

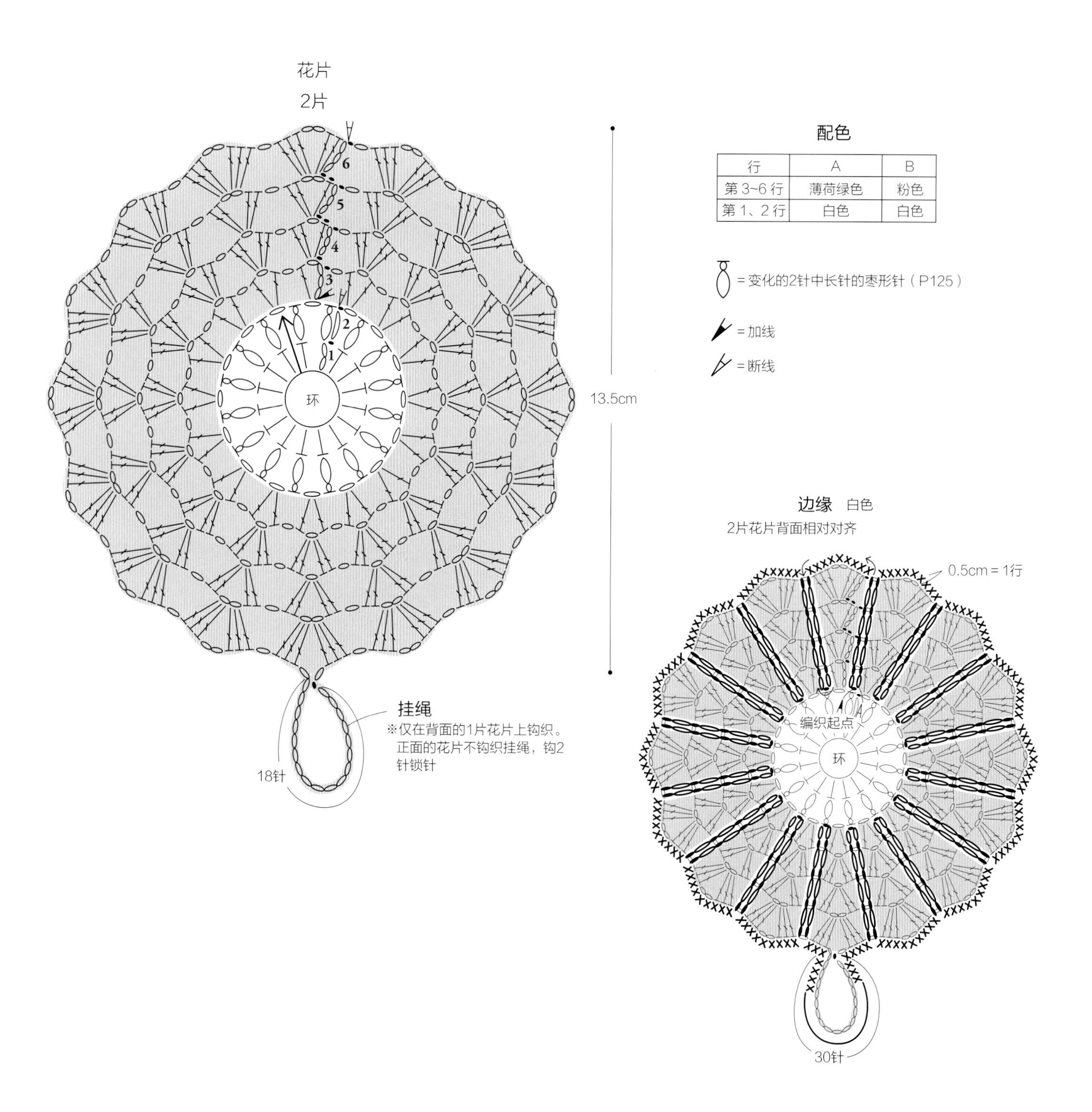

行	A	B
第3~6行	薄荷绿色	粉色
第1、2行	白色	白色

25 锅垫 图片：P77

线　和麻纳卡 Comacoma（40g/团）米色（2）70g
针　和麻纳卡 双头钩针8/0号
钩织密度　短针 16.5针=10cm
完成尺寸　直径16cm

●钩织方法

使用1股线钩织。

花片钩48针锁针起针，钩织短针，按照图解加针。以同样的方法钩织3片。2片花片的正面朝外对齐（中间夹1片），外圈、内圈分别用卷针缝缝合。包住花片钩织短针，最后钩织挂绳。

花片 3片

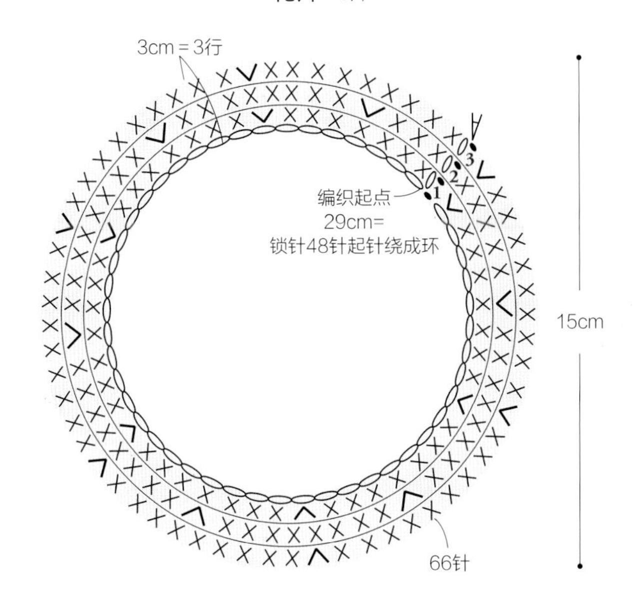

针数和加减针

第3行…66针 ｝每行加6针
第2行…60针 ｝
第1行…在锁针针目上钩出54针

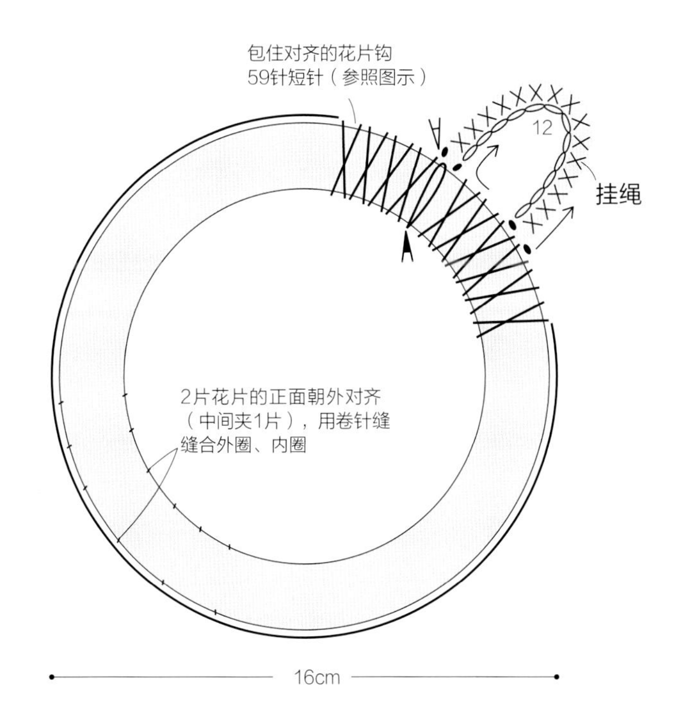

= 1针放2针短针

= 加线

= 断线

组合方法

＊为了便于理解，换成其他颜色的线进行示范。

1 2片花片背面相对对齐，中间夹1片，使用同样的线用卷针缝缝合外圈。然后以同样的方法即用卷针缝缝合内圈。

2 包住花片，钩1针锁针。

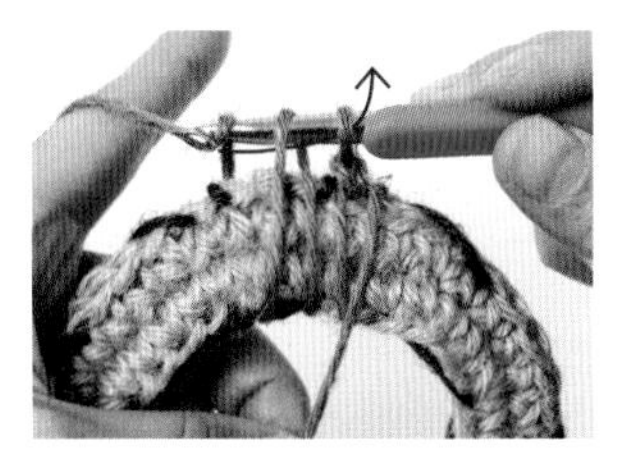

3 从下一针开始，包住花片，钩织短针。

4 一针一针地仔细钩织，注意内侧不要留出空隙。可以随时使用毛线缝针将已钩织完成的部分整理整齐。

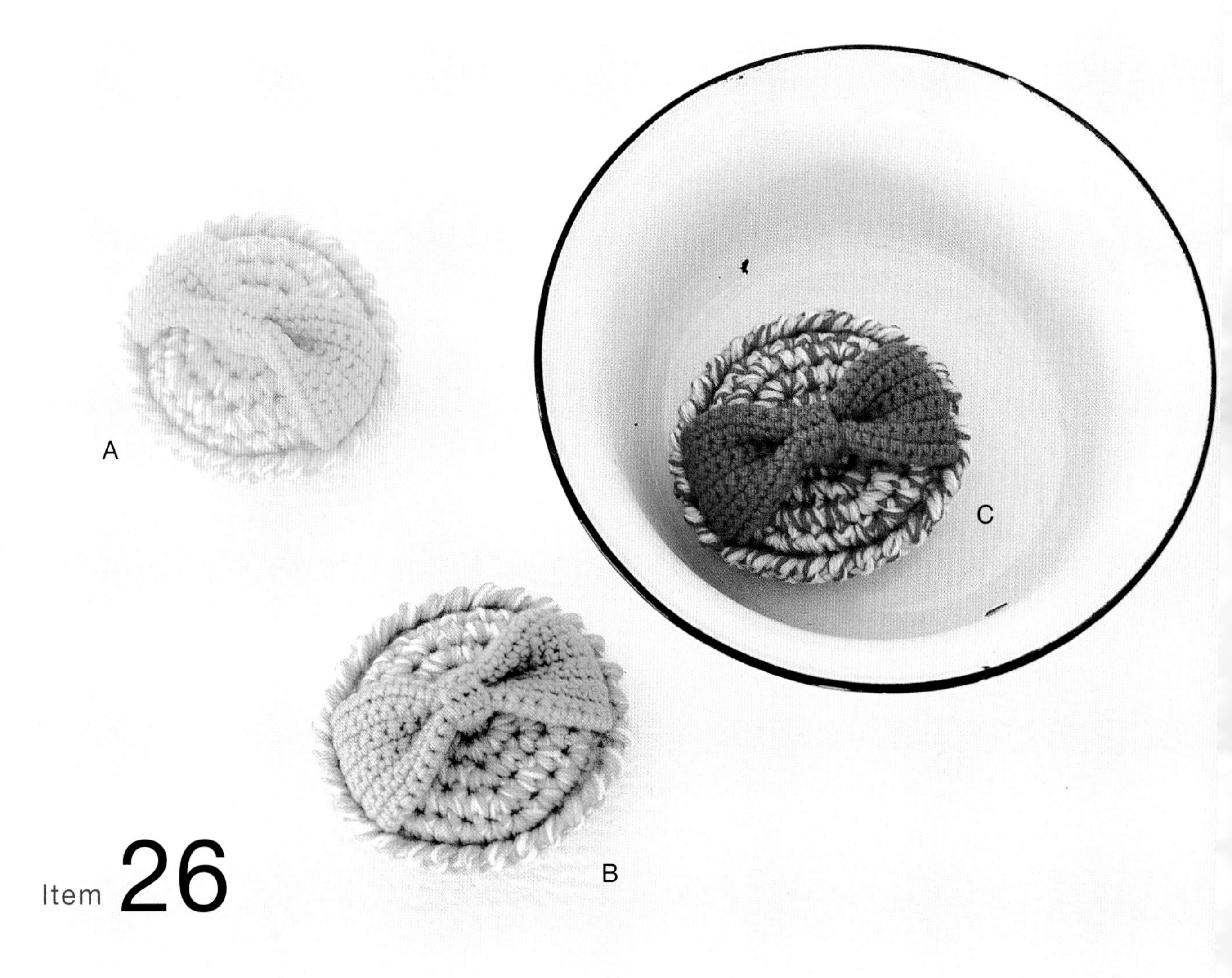

Item 26

蝴蝶结洗碗巾

制作方法：P82

带有蝴蝶结的环保洗碗巾，放在厨房里精巧可爱。
可以钩织不同的颜色，作为送给朋友的小礼物。

设计：Atorie K' sK　线材：和麻纳卡 Piccolo

Item 27

荷叶边洗碗巾

制作方法：P83

在方眼花样的基础上加钩立体的荷叶边做成的洗碗巾，放在厨房里好看又好用。

设计：Atorie K' sK　线材：和麻纳卡 Love Bonny

26 蝴蝶结洗碗巾 图片：P80

线 ○和麻纳卡 Piccolo（25g/团）
【A】黄色（8）10g 白色（1）、奶黄色（41）各6g
【B】孔雀蓝色（43）10g 白色（1）、水蓝色（12）各6g
【C】歌剧粉色（22）10g 白色（1）、浅粉色（4）各6g
针 ○和麻纳卡 双头钩针9/0号、4/0号
其他 ○直径7.5cm、厚2cm的海绵
钩织密度 短针（3股）2行=1.5cm
完成尺寸 直径9.5cm

●钩织方法

蝴蝶结使用1股线，其他部分使用三色线各1股（共3股）钩织。
前侧、后侧分别将线头绕成环，钩织5行短针，按照图解加针。前侧和后侧背面相对对齐，夹住海绵，2片一起钩织2行边缘。蝴蝶结主体和蝴蝶结中心部分分别钩织锁针起针，继续钩织短针，没有加减针。引拔连接蝴蝶结编织起点和编织终点部分。按照图示组合蝴蝶结主体和蝴蝶结中心部分，锁缝前侧和边缘的重合部分。

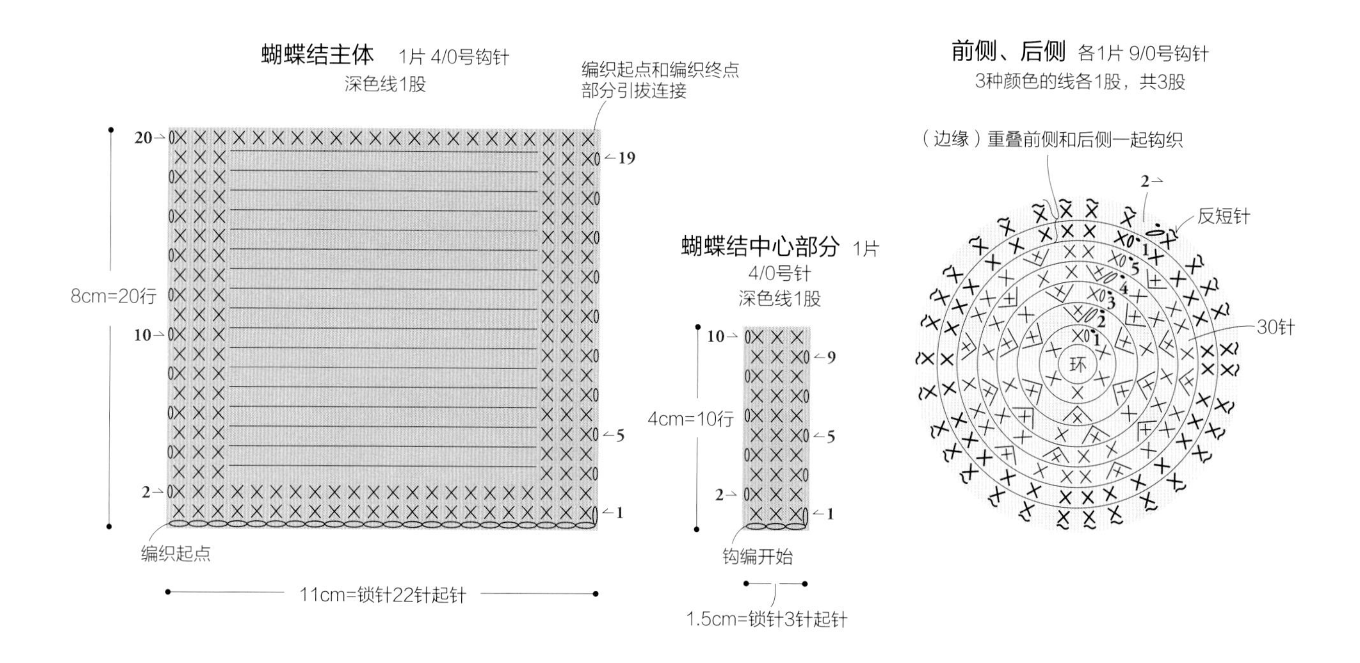

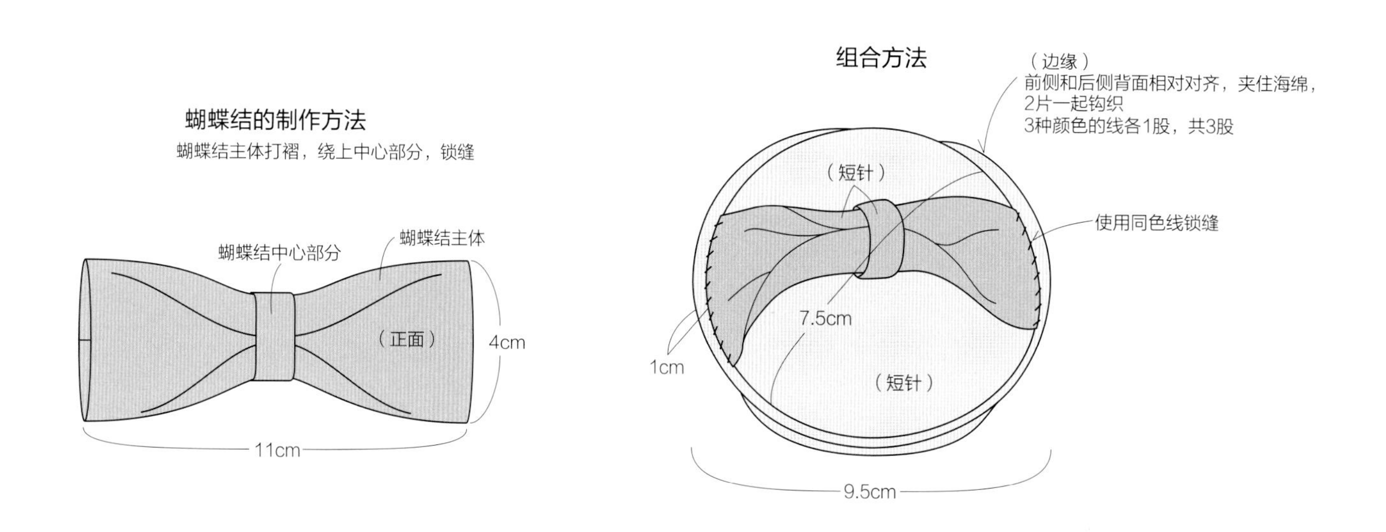

27 荷叶边洗碗巾 图片：P81

线 ○和麻纳卡 Love Bonny（40g/团）
【A】黄色（105）20g 米白色（101）5g
【B】黄绿色（124）20g 米白色（101）5g
【C】水蓝色（116）20g 米白色（101）5g
【D】钴蓝色（118）20g 米白色（101）5g
针 ○和麻纳卡 双头钩针5/0号、4/0号
钩织密度 方眼花样 22针7行=10cm×10cm
完成尺寸 11cm×11cm（除去挂绳部分）

●钩织方法
使用1股线钩织，仅荷叶边的第2行使用米白色线钩织。
基础部分使用5/0号钩针，钩22针锁针起针，换成4/0号钩针钩织7行方眼花样。在指定的位置加线，使用5/0号钩针在基础部分上加钩荷叶边。钩织一圈边缘，继续钩织挂绳。

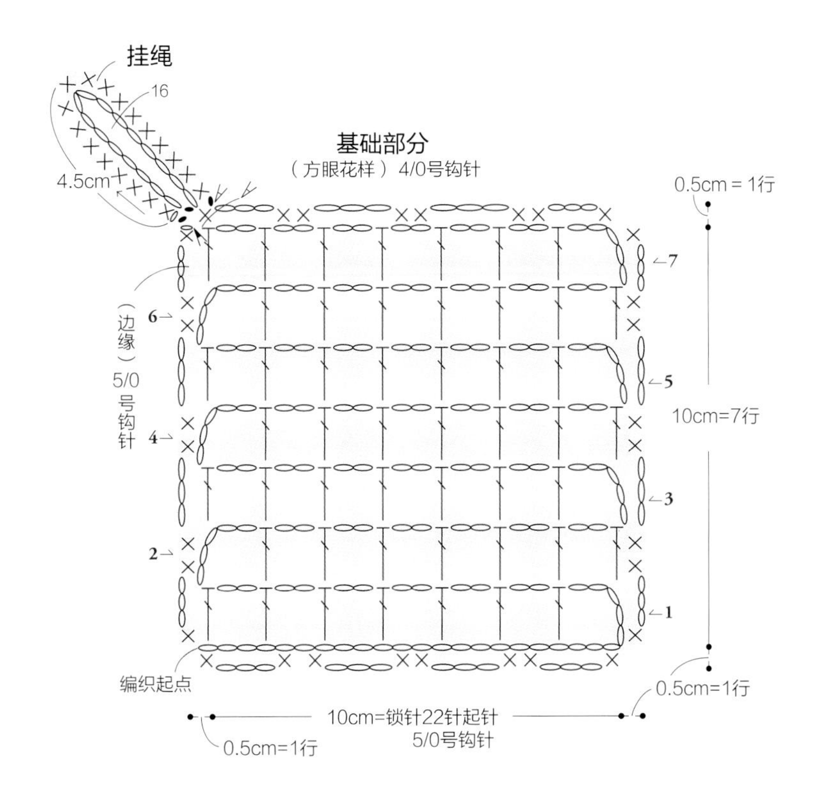

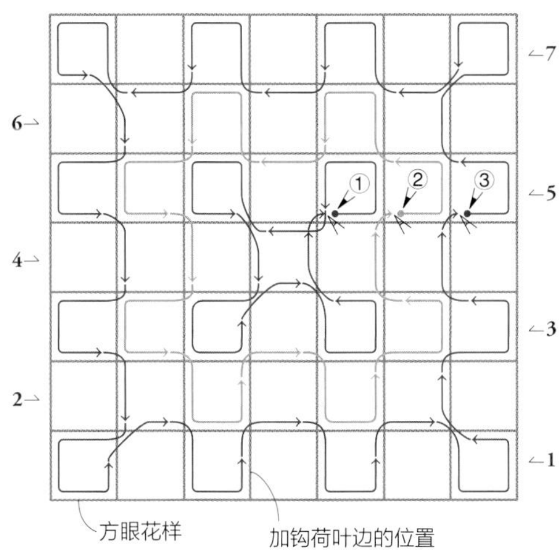

荷叶边的配色

第1行、第3行 和基础部分同色
第2行 米白色
※沿着箭头方向钩织

= 加线
= 断线

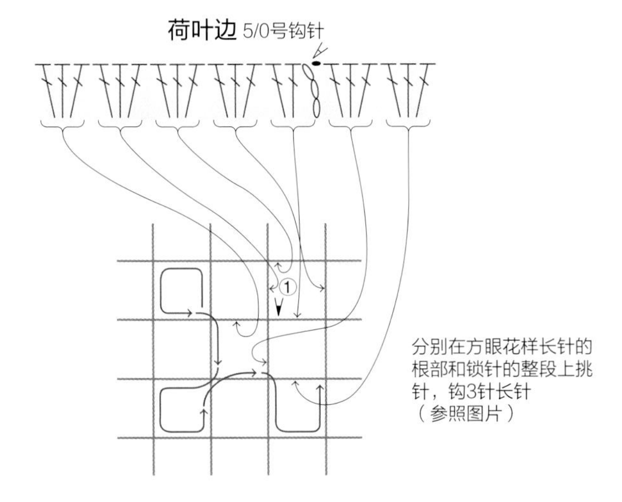

加钩荷叶边的方法

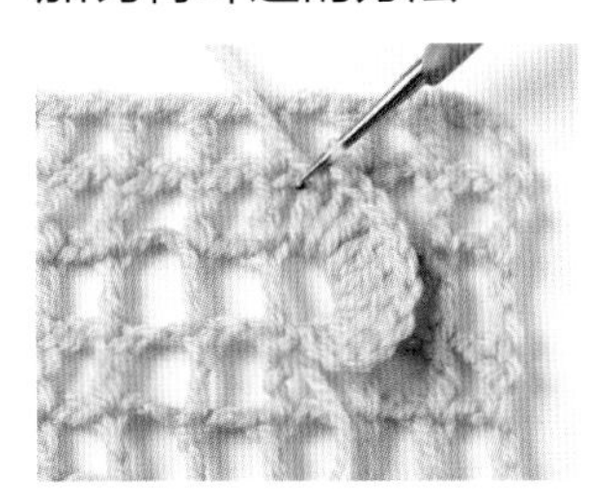
1 在指定的位置加线，在方眼上各加钩3针长针。

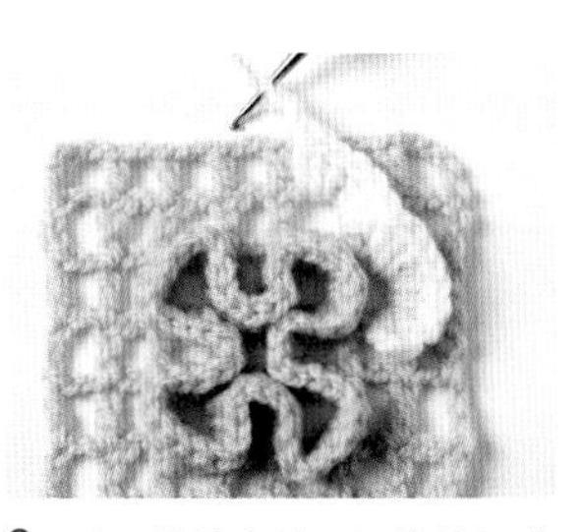
2 以同样的方法，加线钩织荷叶边的第2、3行。

Item 28

花片拼接
多用途盖布

制作方法：P86

浓浓淡淡的粉色系，钩织出一片片小巧的花朵，拼接成六边形。
作为篮筐的盖布、桌面的装饰垫，一物多用。

设计：远藤Hiromi　线材：和麻纳卡 纯羊毛中细

28 花片拼接多用途盖布 图片：P84

线 ○和麻纳卡 纯羊毛中细（40g/团）
粉色（36）12g、浅粉色（31）11g、米白色（1）8g、浅米色（2）、驼色（4）、豆红色（12）各3g 黄色（33）、黄绿色（22）各2g
针 ○和麻纳卡 双头钩针4/0号
花片尺寸 直径5.4cm
完成尺寸 参照图示

●钩织方法
使用1股线，按照指定的配色钩织。
花片线头绕成环，按照图解钩织。从第2片花片开始，引拔钩织最后一行拼接，共钩织37片。最后一圈钩织1行边缘。

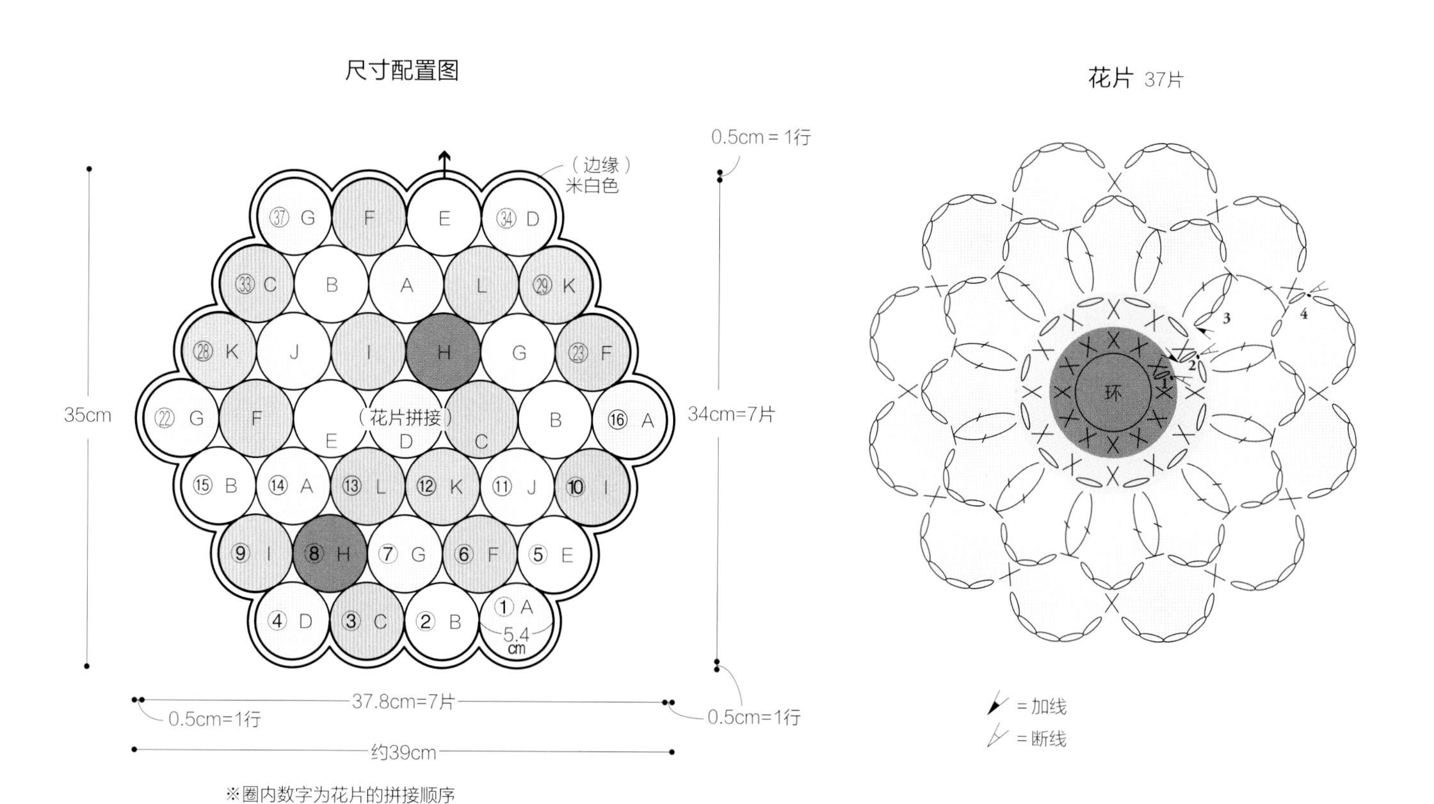

※圈内数字为花片的拼接顺序

花片的配色和片数

	A（4片）	B（4片）	C（3片）	D（3片）	E（3片）	F（4片）	G（4片）	H（2片）	I（3片）	J（2片）	K（3片）	L（2片）
第3、4行	浅粉色	米白色	粉色	浅粉色	浅米色	粉色	浅粉色	豆红色	粉色	浅粉色	驼色	粉色
第2行	黄绿色	黄色	黄绿色	粉色	粉色	黄绿色	米白色	黄色	米白色	豆红色	浅粉色	豆红色
第1行	豆红色	粉色	浅粉色	豆红色	黄绿色	驼色	黄色	粉色	黄绿色	黄色	豆红色	黄绿色

花片的拼接方法和边缘钩织

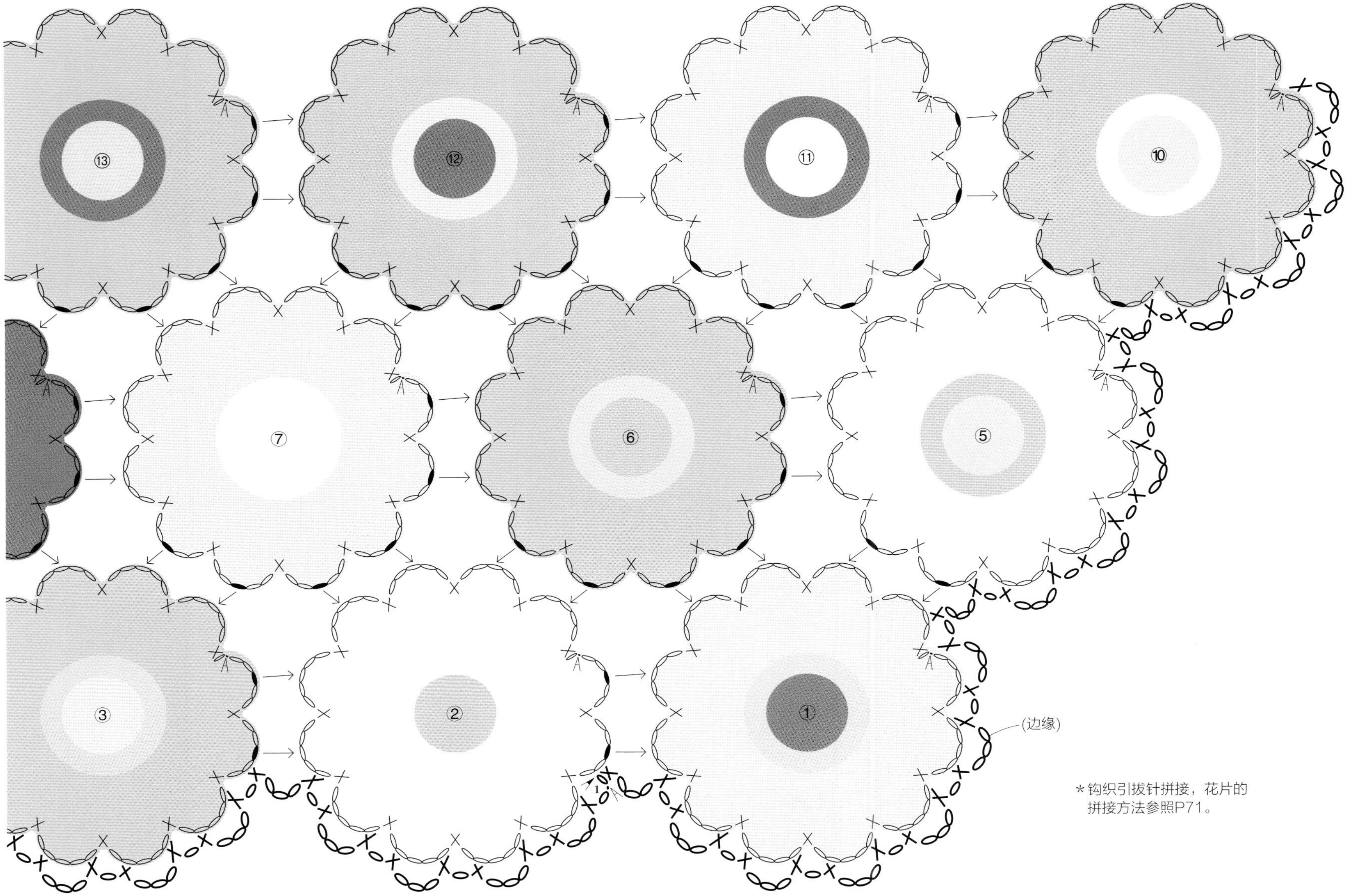

*钩织引拔针拼接，花片的拼接方法参照P71。

Item 29 花朵胸针

制作方法：P89

层层叠叠的花瓣，堆叠成俏丽的花朵胸针。试着将它点缀在简单的针织衫或是包袋上吧。

设计：Atorie K'sK　线材：和麻纳卡 KORPOKKUR

29 花朵胸针

图片：P88

线	○和麻纳卡 KORPOKKUR（25g/团） 【A】蓝绿色（21）、湖蓝色（20）各7g 芥末黄色（5）、苔绿色（12）各5g 【B】米白色（1）15g 苔绿色（12）5g
针	○和麻纳卡 双头钩针7.5/0号
其他	○长5cm的胸针（5孔）银色 各1个 ○手缝线 手缝针
钩织密度	长针 1行=1.5cm
完成尺寸	参照图示

●钩织方法

使用2股线，按照指定的配色钩织。

花朵：线头绕成环，按照图解钩织。叶片：钩12针锁针起针，参照图解，在起针的两侧钩织。在花朵背面缝制叶片和胸针。

花朵

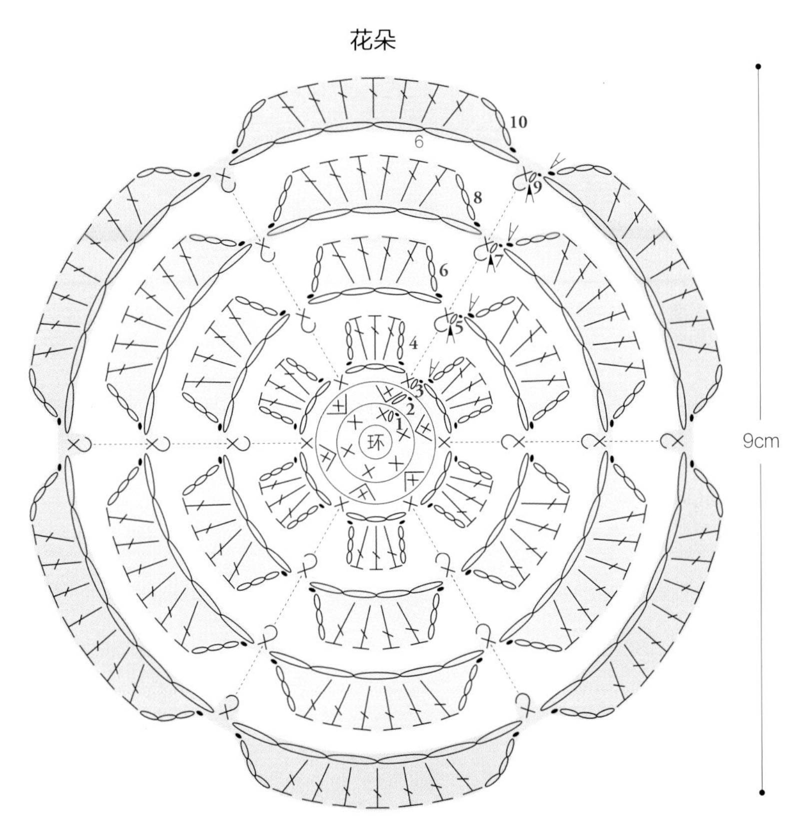

◢ = 加线

◿ = 断线

B全部使用米白色2股

A的配色

行	色
第9、10行	湖蓝色 1股 蓝绿色 1股 } 共2股
第7、8行	蓝绿色 2股
第5、6行	湖蓝色 2股
第1~4行	芥末黄色 2股

叶片 2片

苔绿色 2股

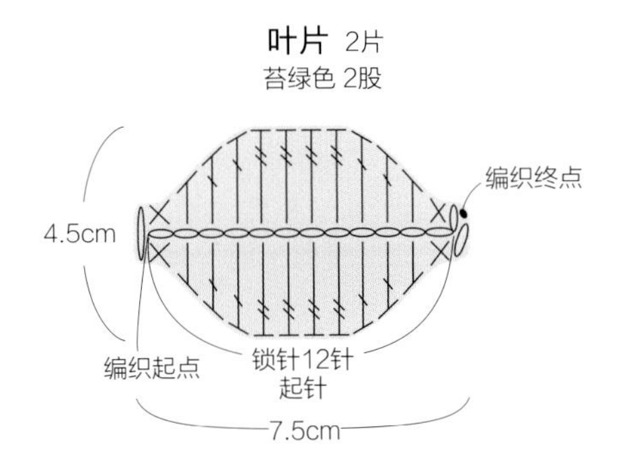

背面

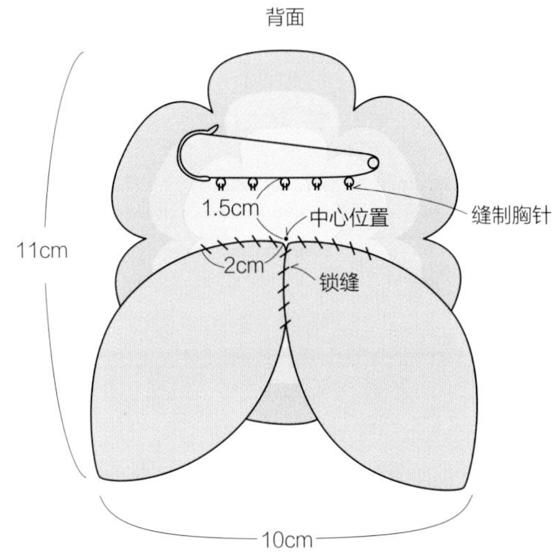

Item 30

花片拼接手提包

制作方法：P92

纯白色的花片就像是立体的浮雕，生动自然。这是一款百搭的手提包。

设计：河合真弓　制作：宇野知子　线材：和麻纳卡 Amerry

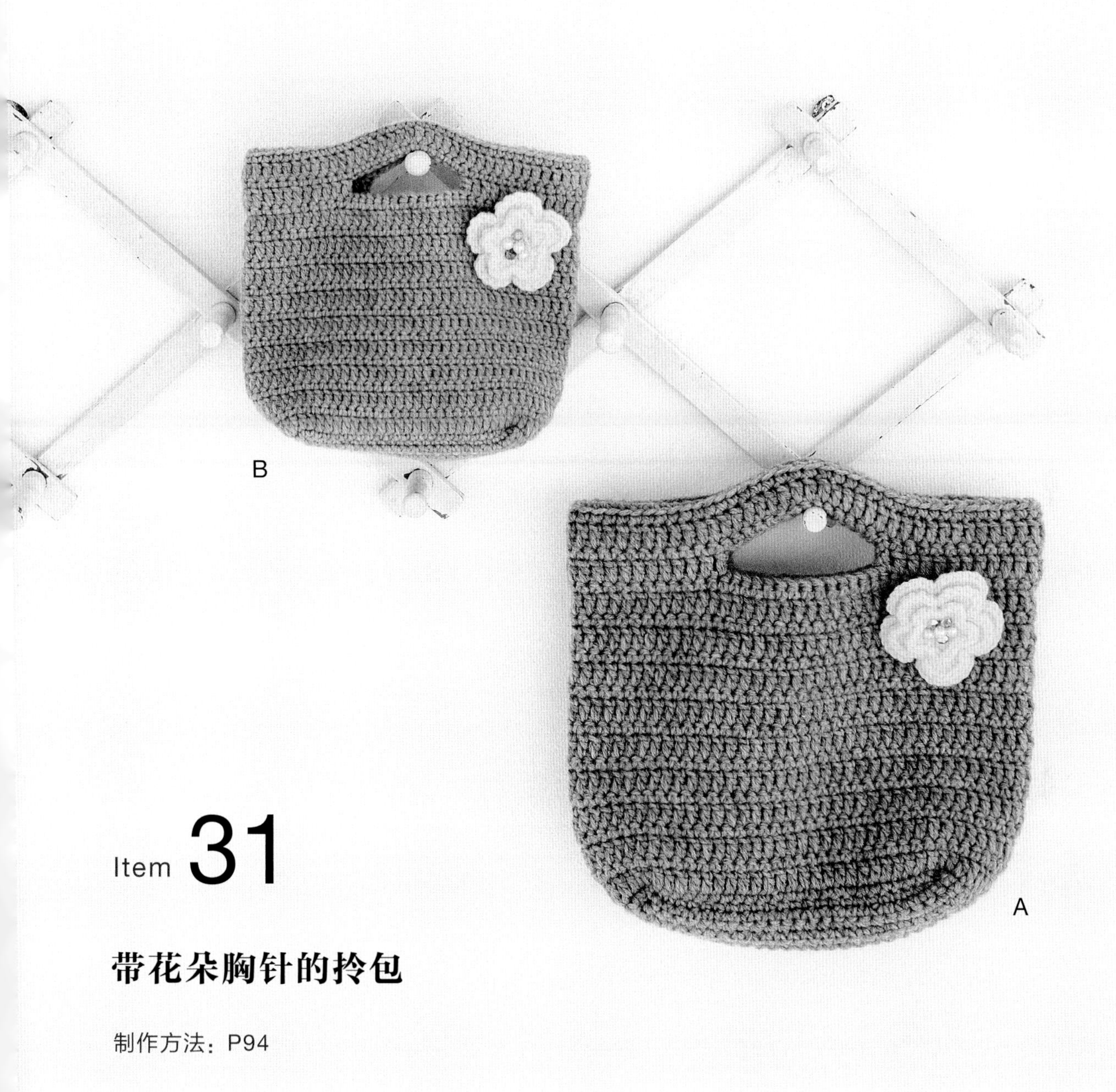

Item 31

带花朵胸针的拎包

制作方法：P94

短针和长针组合钩织的简洁包款，有大小两种尺寸可供选择。
点缀上本白色的花朵胸针，更添一份娇俏。

设计：Atorie K'sK　线材：和麻纳卡 Amerry

30 花片拼接手提包 图片：P90

线	○和麻纳卡 Amerry（40g/团）
针	本白色（20） 160g
	○和麻纳卡 双头钩针5/0号
花片尺寸	7.5cm×7.5cm
完成尺寸	袋口宽约26cm、高约19.5cm

●钩织方法

使用1股线钩织。

侧面的花片：线头绕成环，按照图解钩织。从第2片开始，最后一行钩织引拔针拼接，共钩织24片。提手：钩60针锁针起针，继续钩织袋口和提手（内侧）的边缘。钩织袋口和提手（外侧）的边缘。

花片 24片

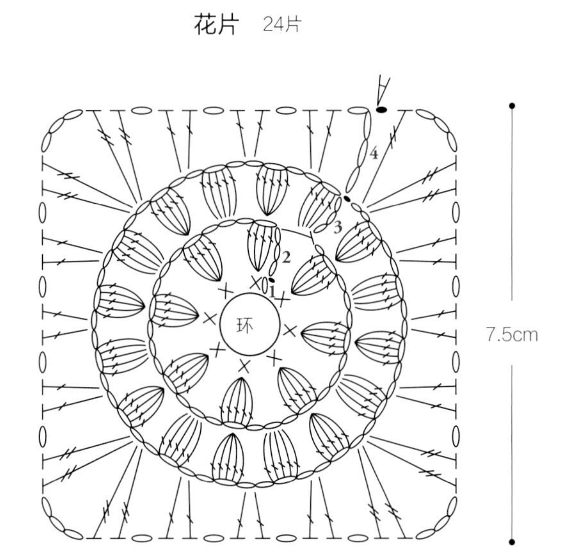

侧面

（花片拼接）24片

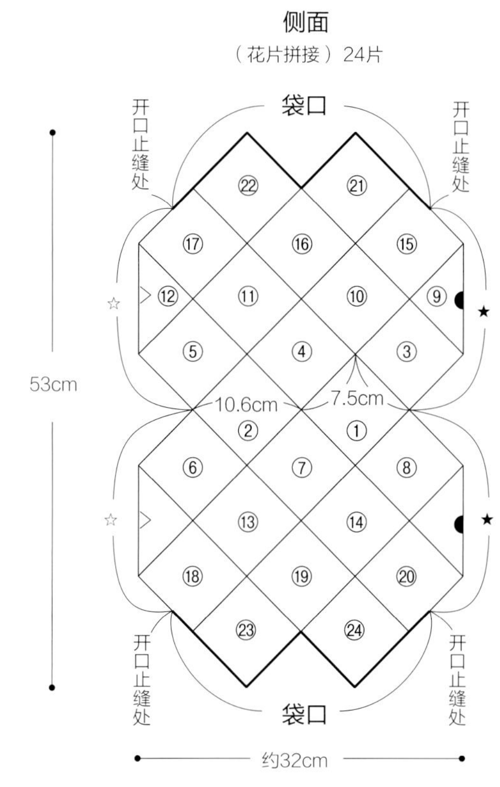

※圈内数字为花片的拼接顺序

※对齐★、☆，钩织拼接

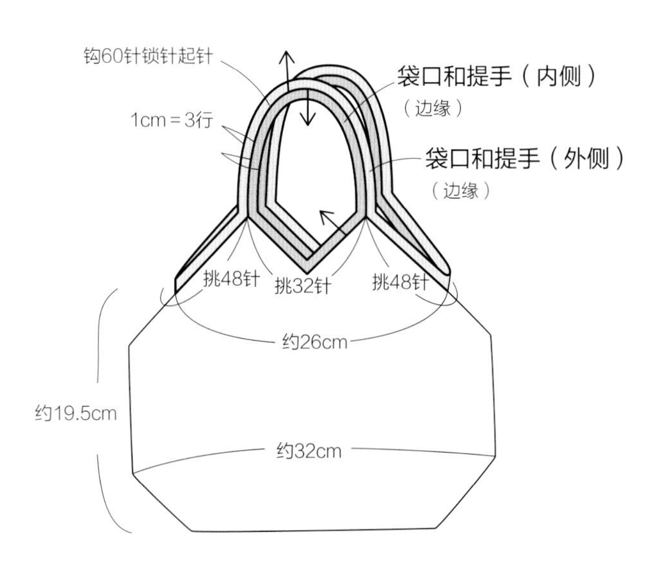

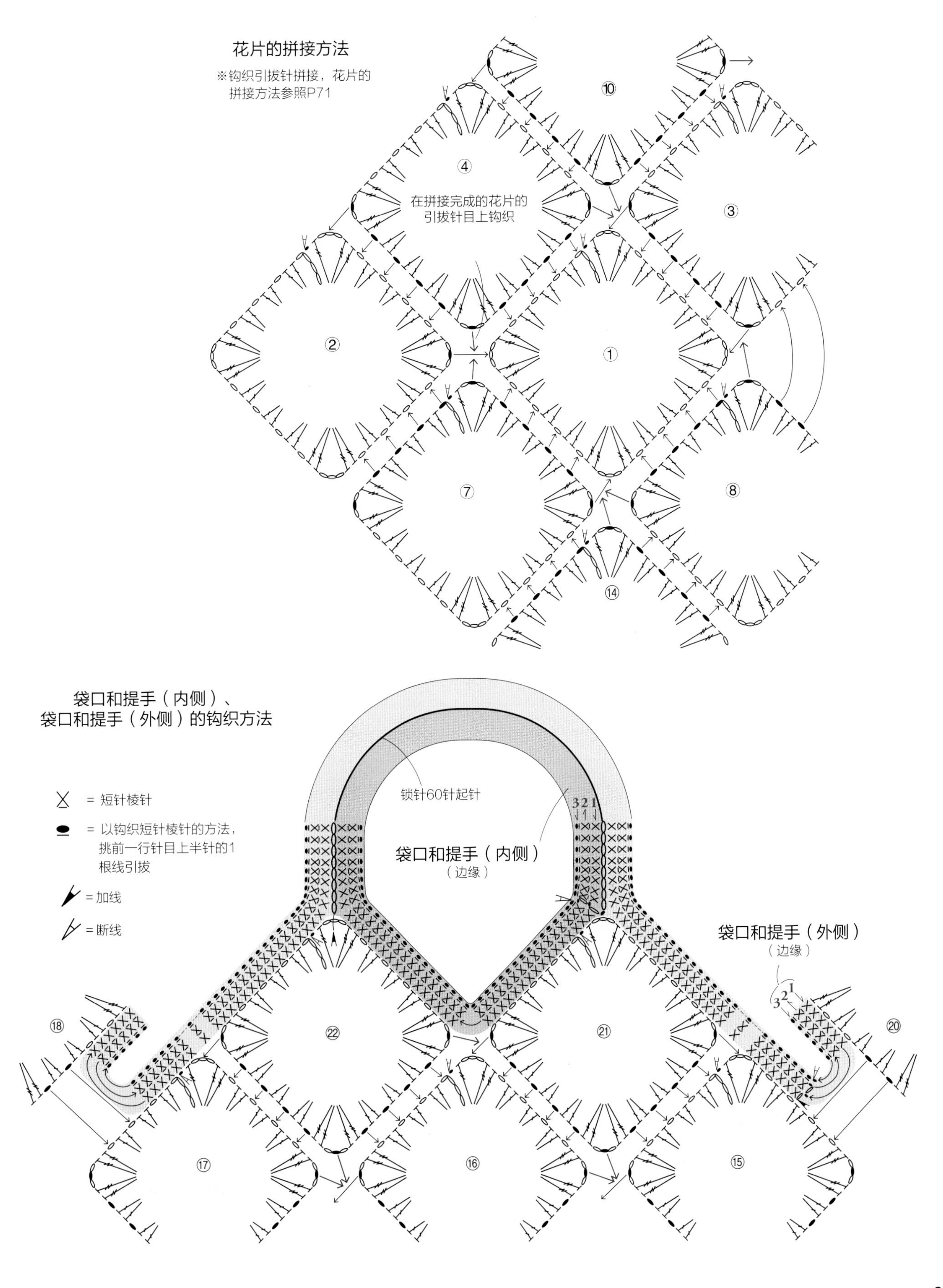

花片的拼接方法
※钩织引拔针拼接，花片的拼接方法参照P71
⑩
④
在拼接完成的花片的引拔针目上钩织
③
②
①
⑦
⑧
⑭
袋口和提手（内侧）、
袋口和提手（外侧）的钩织方法
锁针60针起针
3 2 1
= 短针棱针
= 以钩织短针棱针的方法，挑前一行针目上半针的1根线引拔
= 加线
= 断线
袋口和提手（内侧）
（边缘）
袋口和提手（外侧）
（边缘）
3 2 1
⑱
㉒
㉑
⑳
⑰
⑯
⑮

31 带花朵胸针的拎包 图片：P91

线	○和麻纳卡 Amerry（40g/团） 【A】灰色（22）140g 本白色（20）5g 【B】中国蓝色（29）50g 本白色（20）少量
针	○和麻纳卡 双头钩针5/0号 【A】8/0号、7/0号 【B】5/0号、7/0号
其他	○珠子 【A】直径0.7cm的珍珠 3颗 直径0.6cm的切面珠 3颗 【B】直径0.6cm的珍珠 3颗 直径0.6cm的切面珠 3颗 ○别针 【A】长3cm 银色 1个 【B】长2cm 银色 1个 ○手缝线 手缝针
钩织密度	花样 【A】14针=10cm 4个花样（8行）= 7.5cm 【B】20.5针=10cm 4个花样（8行）= 5.5cm
完成尺寸	参照图示

●钩织方法

【A】使用2股线、【B】和胸针使用1股线，使用指定的钩针钩织。底部钩24针锁针起针，往返钩织短针13行，一圈钩织1行短针。侧面继续钩织18行花样。按照图解钩织提手和贴边，将贴边折向背面锁缝。提手对齐，用卷针缝缝合一圈。花朵胸针：线头绕成环，按照图解钩织，在中心位置缝制珠子装饰。钩织底衬，在胸针背面缝制底衬和别针，装饰在包袋上。

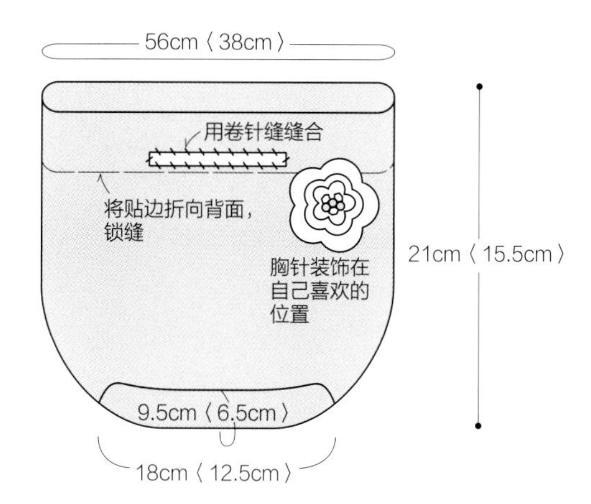

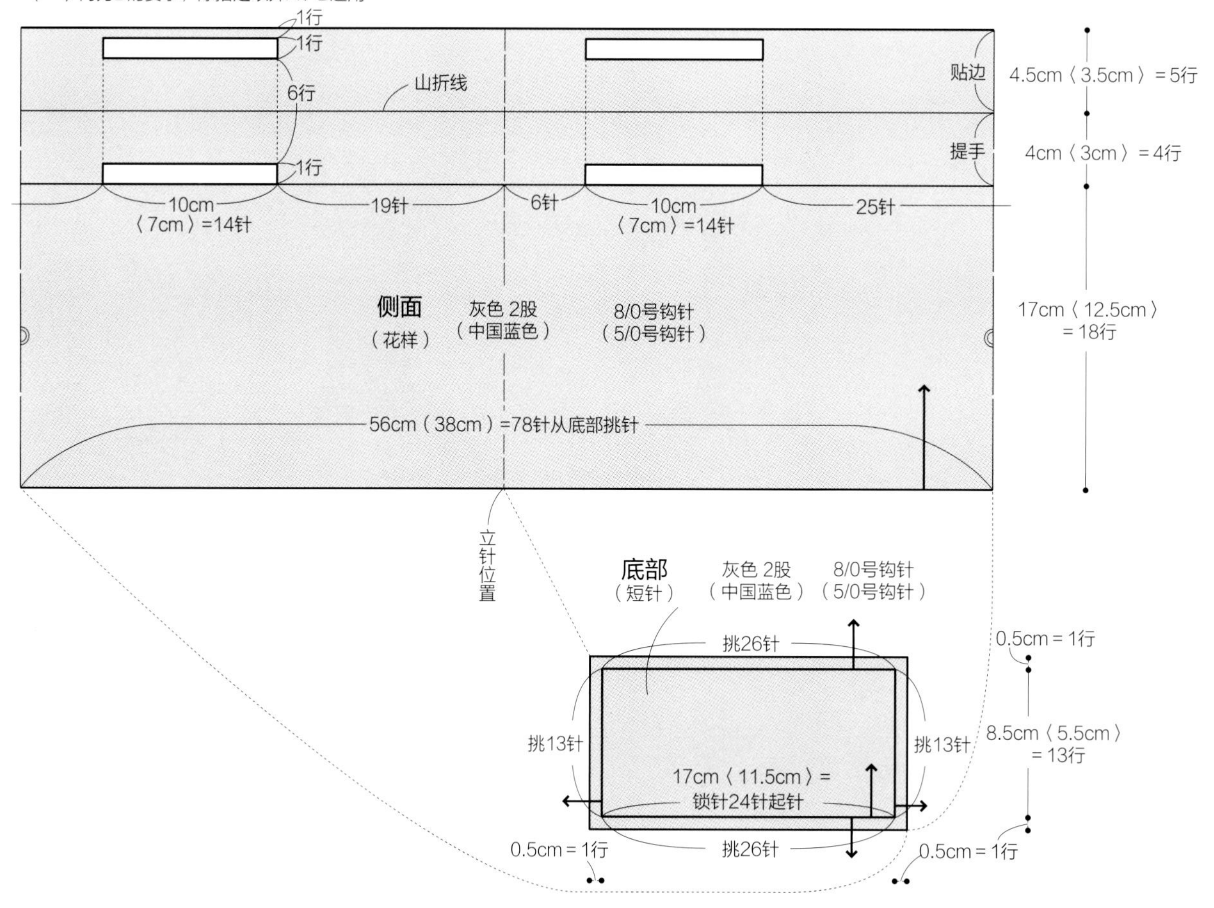

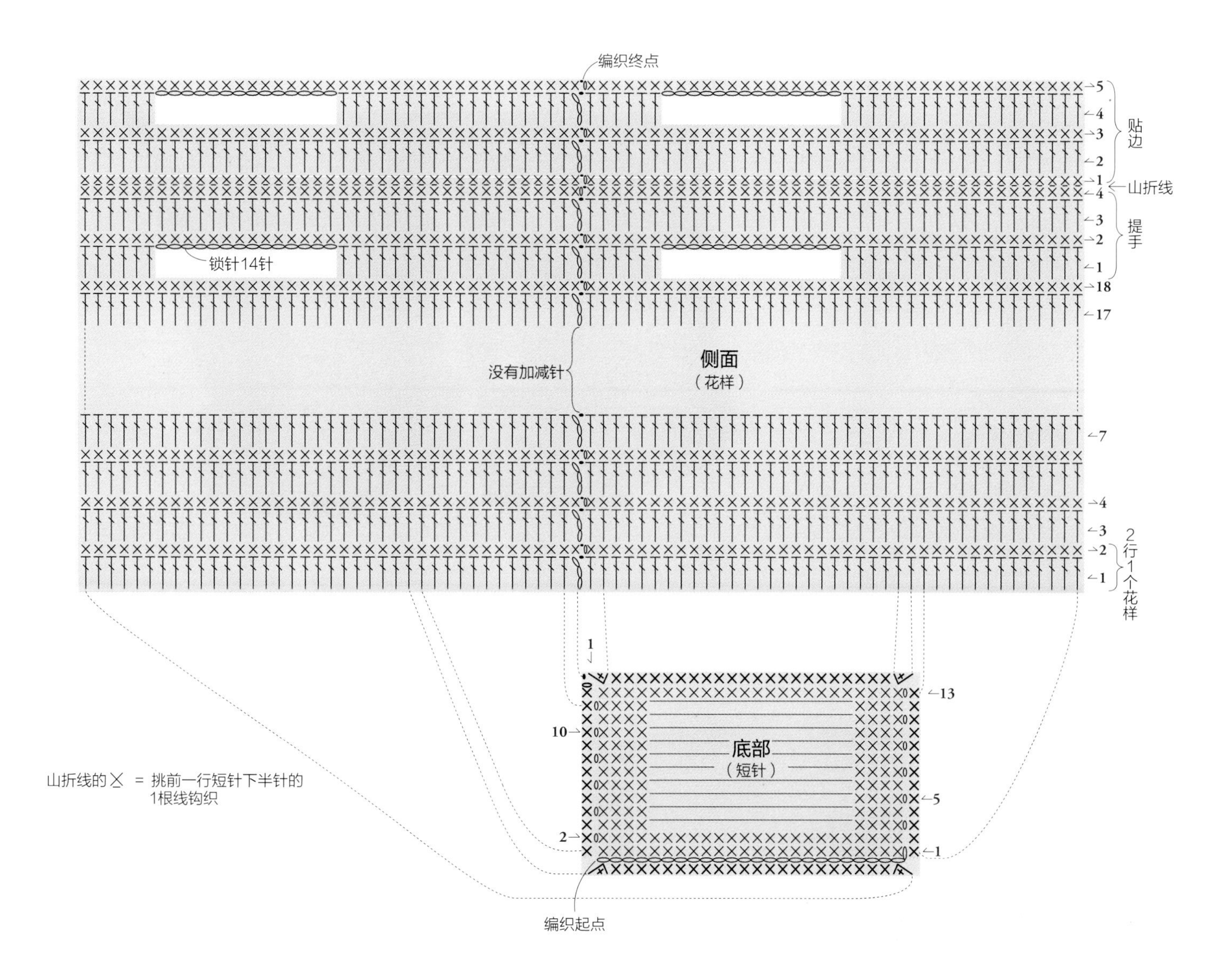
编织终点
贴边
山折线
提手
锁针14针
侧面
（花样）
没有加减针
2行1个花样
底部
（短针）
编织起点
山折线的X ＝ 挑前一行短针下半针的1根线钩织

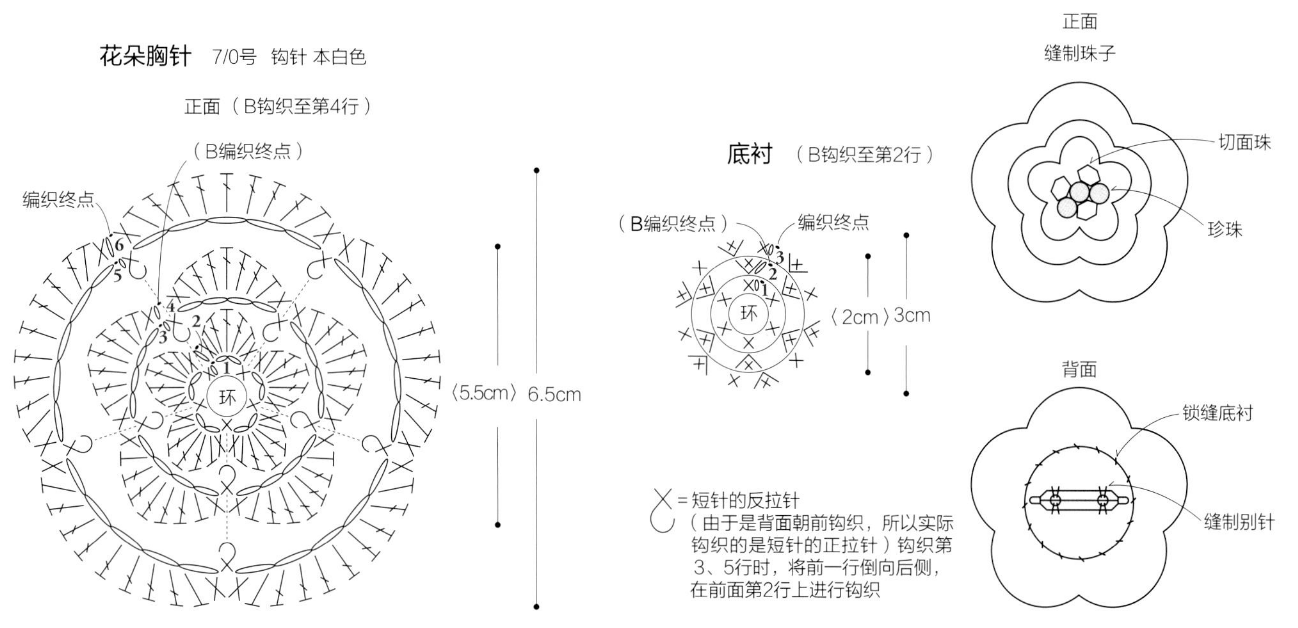
花朵胸针 7/0号 钩针 本白色
正面（B钩织至第4行）
（B编织终点）
编织终点
环
〈5.5cm〉6.5cm
底衬（B钩织至第2行）
（B编织终点）
编织终点
环
〈2cm〉3cm
X＝短针的反拉针
（由于是背面朝前钩织，所以实际钩织的是短针的正拉针）钩织第3、5行时，将前一行倒向后侧，在前面第2行上进行钩织
正面
缝制珠子
切面珠
珍珠
背面
锁缝底衬
缝制别针

Item 32

室内鞋

制作方法：P97

穿脱方便的室内鞋，粗花呢的质感很棒。使用了市售的羊毛毡鞋底，短时间就可以钩织完成。

设计：Atorie K'sK　线材：和麻纳卡 Aran Tweed

32 室内鞋 图片：P96

线	○和麻纳卡 Aran Tweed（40g/团） 【A】米色（2）70g 生成色（1）5g 【B】灰色（3）70g 生成色（1）5g
针	○和麻纳卡 双头钩针7/0号
其他	○和麻纳卡 室内鞋用羊毛毡底（H204-594）1组
钩织密度	①花样 15.5针=10cm 2个花样（4行）=3cm ②花样 23.5针=10cm 11行=5cm
完成尺寸	23cm

●钩织方法

使用1股线钩织，只有脚背的边缘使用生成色线钩织。

脚背钩13针锁针起针，按照图解钩织花样①和边缘。侧面从羊毛毡底挑针，钩织花样②。使用扣眼绣针法将脚背缝制在羊毛毡底上。侧面锁缝在脚背内侧。以同样的方法钩织另一只鞋。

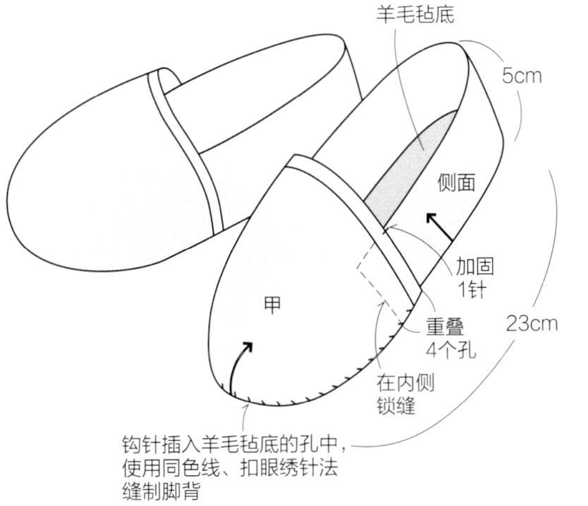

羊毛毡底
5cm
侧面
加固 1针
甲
重叠 4个孔
23cm
在内侧锁缝
钩针插入羊毛毡底的孔中，使用同色线、扣眼绣针法缝制脚背

脚背
（花样①）

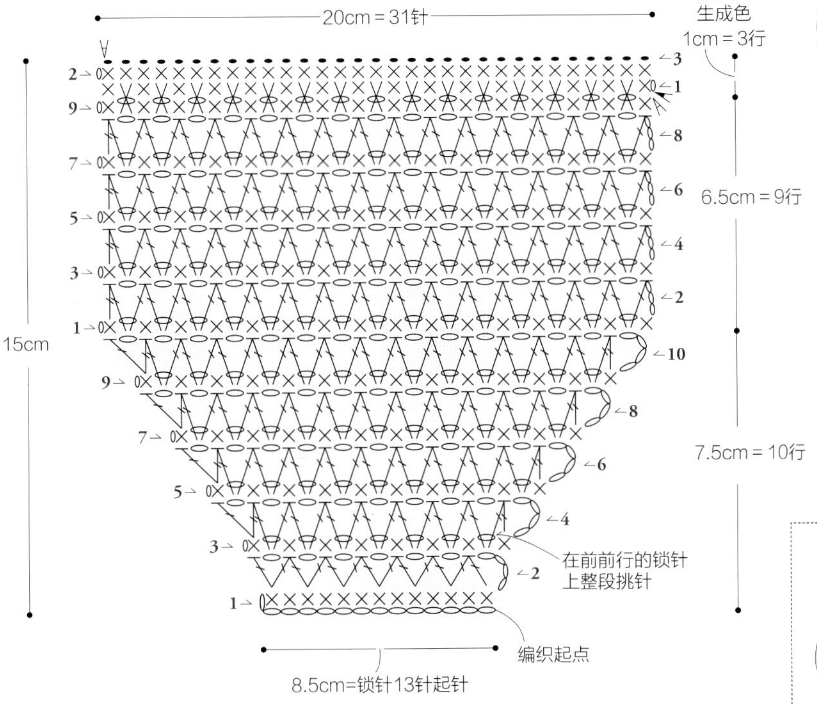

20cm＝31针
（边缘）生成色 1cm＝3行
6.5cm＝9行
15cm
7.5cm＝10行
在前前行的锁针上整段挑针
编织起点
8.5cm=锁针13针起针

◢＝加线
◿＝断线

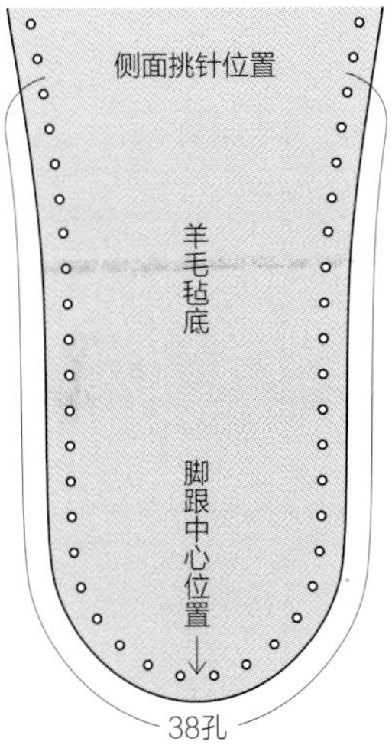

扣眼绣
2出
1入

侧面挑针位置
羊毛毡底
脚跟中心位置
38孔

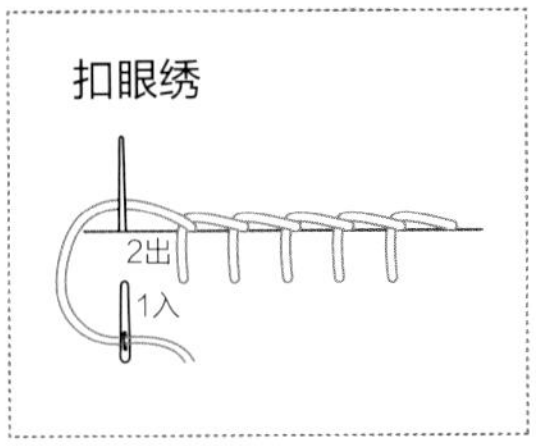

侧面
（花样②）

5cm＝11行
挑针
32cm=75针 从羊毛毡底的脚跟侧的孔开始挑针

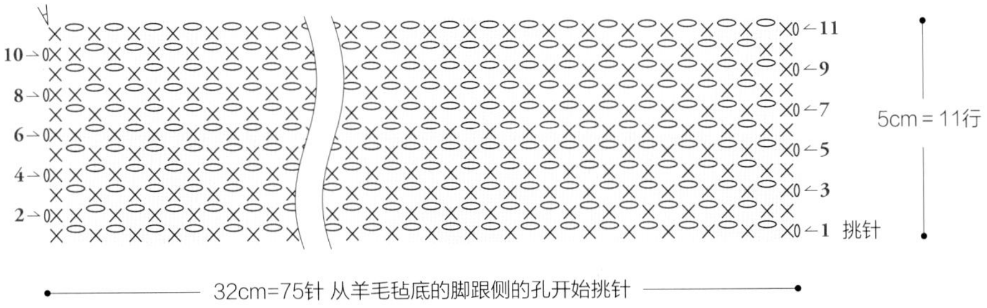

羊毛毡底的挑针方法

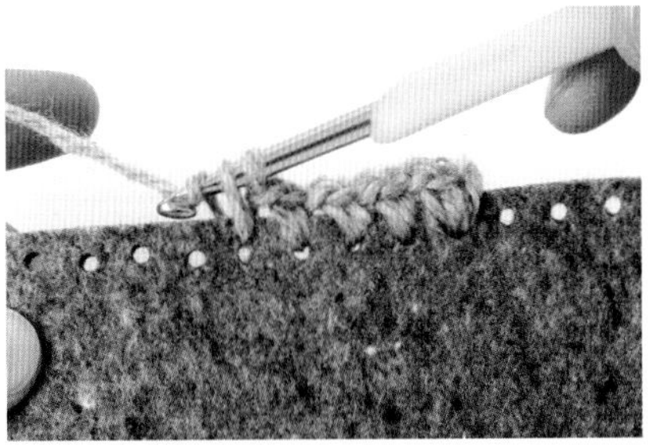

在指定的位置加线，钩1针短针、1针锁针。重复钩织。

Item 33

花朵坐垫

制作方法：P100

从花心呈放射状向外钩织完成的花朵，是非常受欢迎的造型。独特的镶边设计，凸显了花瓣的蓬松感。

设计：桥本真由子　线材：和麻纳卡 Bonny

B

33 花朵坐垫 图片：P98

线	○和麻纳卡 Bonny（50g/团） 【A】深蓝色（610）250g 浅灰色（486）40g 【B】米色（417）250g 芥末黄色（491）40g
针	○和麻纳卡 双头钩针7.5/0号
钩织密度	中长针 1行＝约1.3cm
完成尺寸	直径43cm

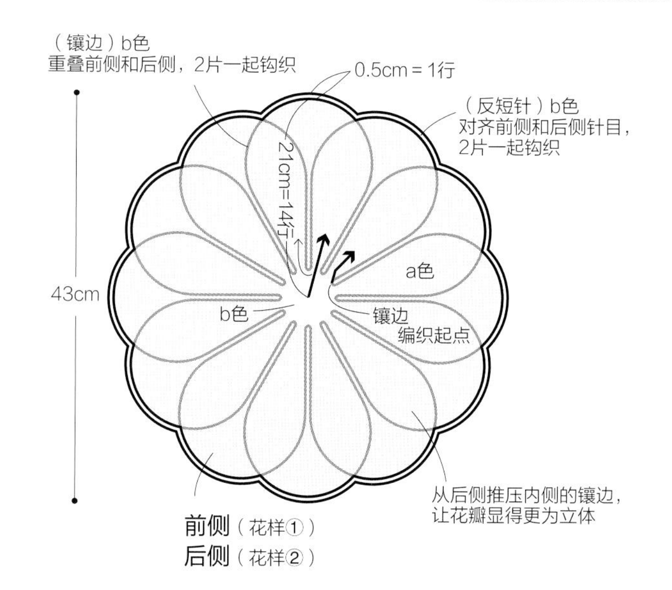

●钩织方法

使用1股线，按照指定的配色钩织。

前侧、后侧：分别把线头绕成环，按照图解，前侧钩织花样①、后侧钩织花样②。前侧的背面和后侧的正面相对对齐（后侧背面朝外），2片一起钩织镶边。一圈2片一起钩织1行反短针。

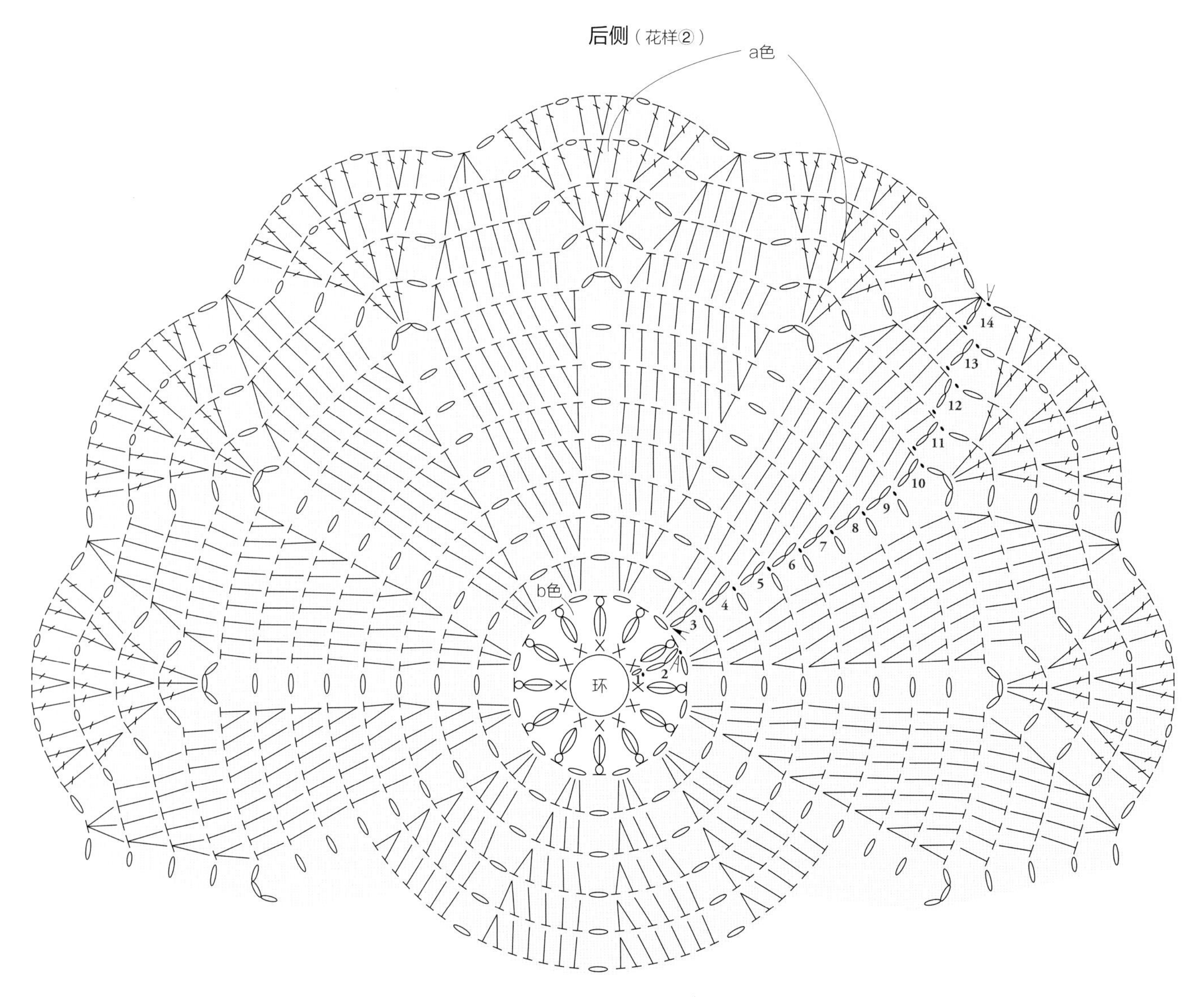

前侧、镶边、边缘

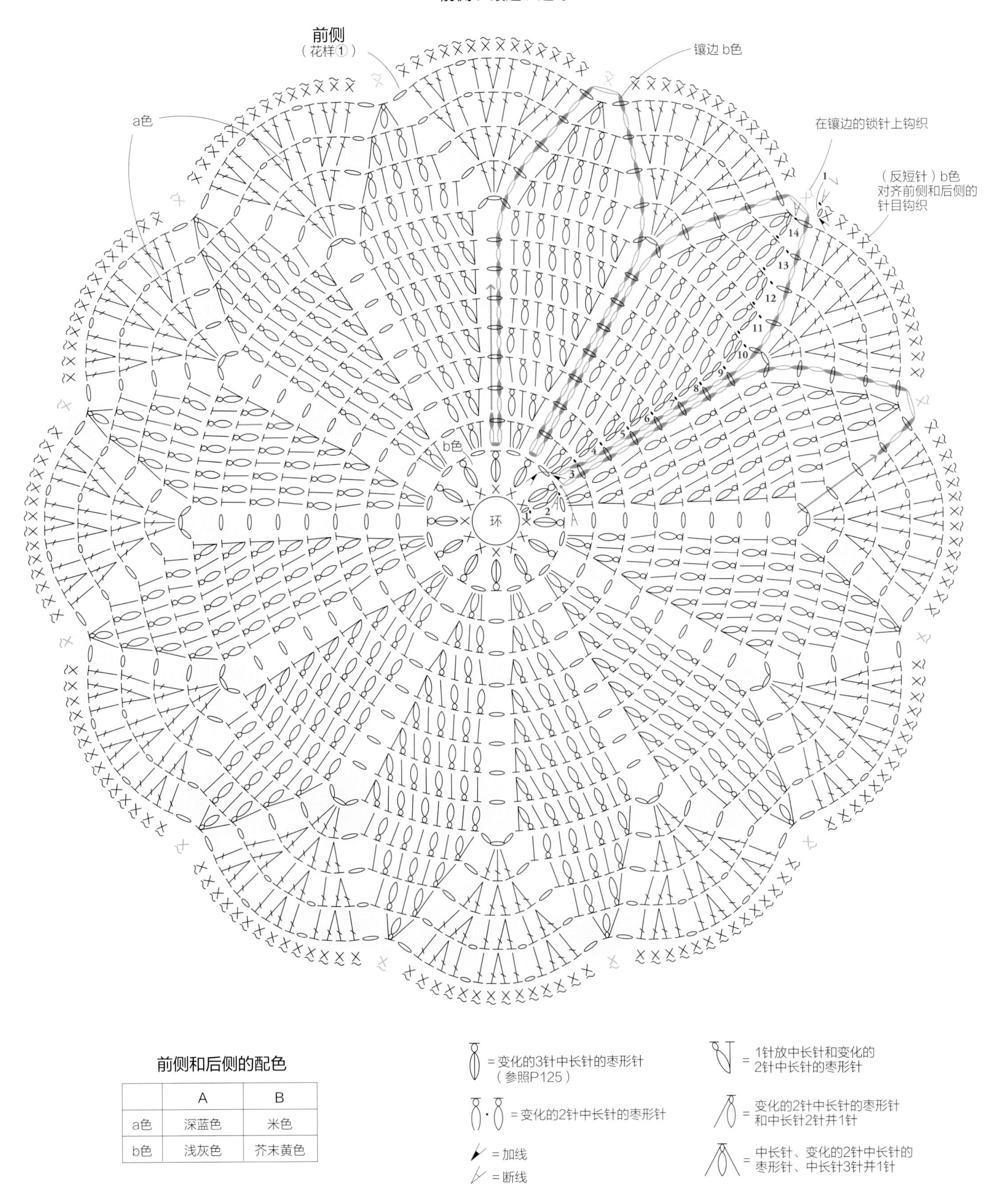

前侧和后侧的配色

	A	B
a色	深蓝色	米色
b色	浅灰色	芥末黄色

Item 34

长针的正拉针袜子

制作方法：P104

A

B

用长针的正拉针钩织出的线条是这里的亮点。书中介绍了短袜和中筒袜，可以试着钩织自己喜欢的袜筒长度哦。

设计：Atorie K' sK　线材：和麻纳卡 纯羊毛中细

Item 35

阿兰花样手套

制作方法：P106

用正拉针钩织的阿兰花样，请享受花样一点一点呈现出来的满足感吧。

设计：冈本真希子　线材：和麻纳卡 Sonomono（粗）

34 长针的正拉针袜子 图片：P102

线	○和麻纳卡 纯羊毛中细(40g/团) 【A】米白色(1)70g【B】黄色(33)90g
针	○和麻纳卡 双头钩针3/0号
钩织密度	长针 26针14行=10cm×10cm 花样 26针15行=10cm×10cm
完成尺寸	22.5cm~23cm

●钩织方法

使用1股线钩织。

脚趾部分钩10针锁针起针，断线，在指定位置加线，钩织6行长针和花样，按照图解加针。继续圈钩19行，袜底钩织长针，脚背钩织花样，断线。在指定的位置加线，后跟按照图解往返钩织长针，缝合。在指定的位置加线，圈钩袜筒的花样。继续钩织1行边缘。以同样的方法完成另一只袜子。

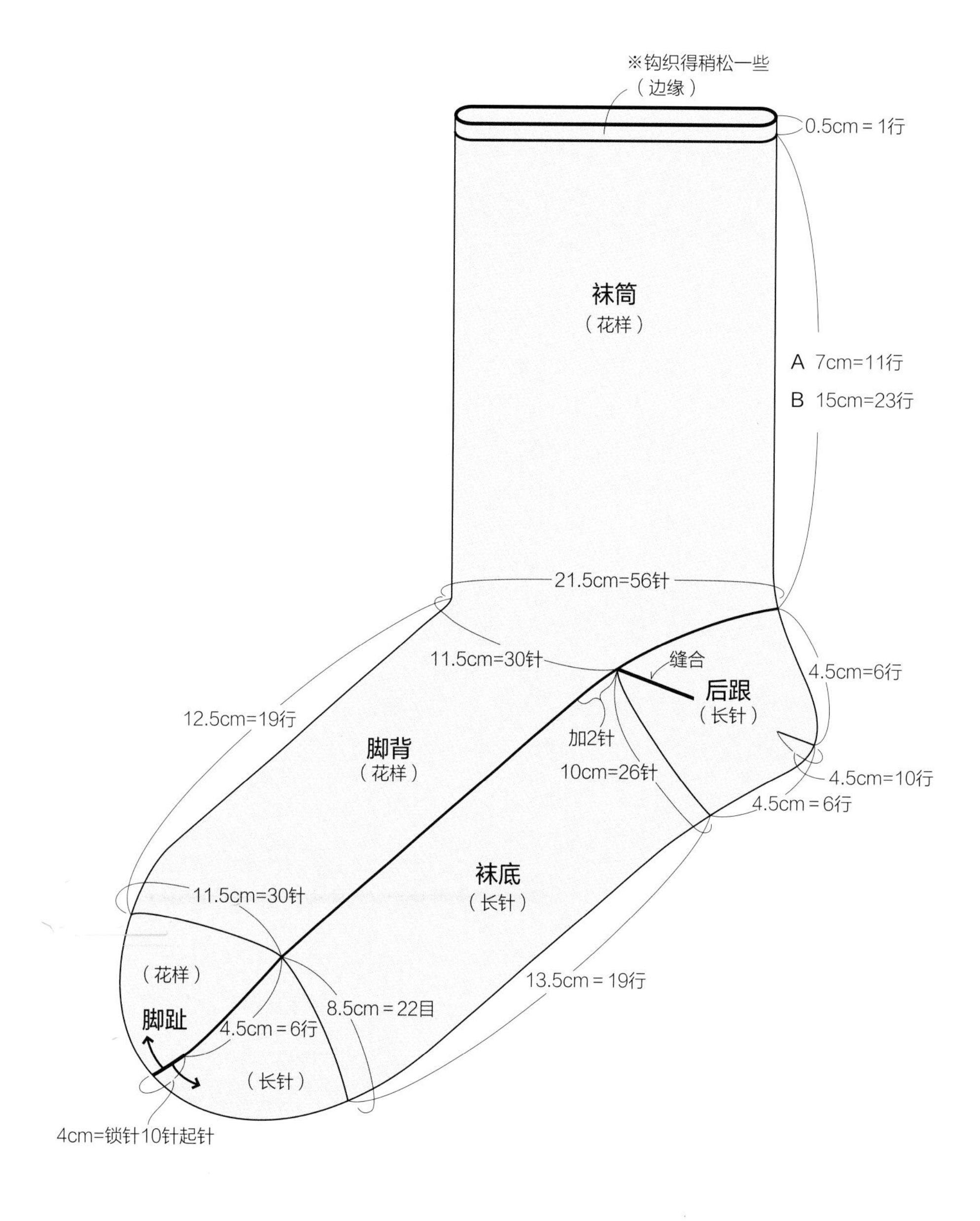

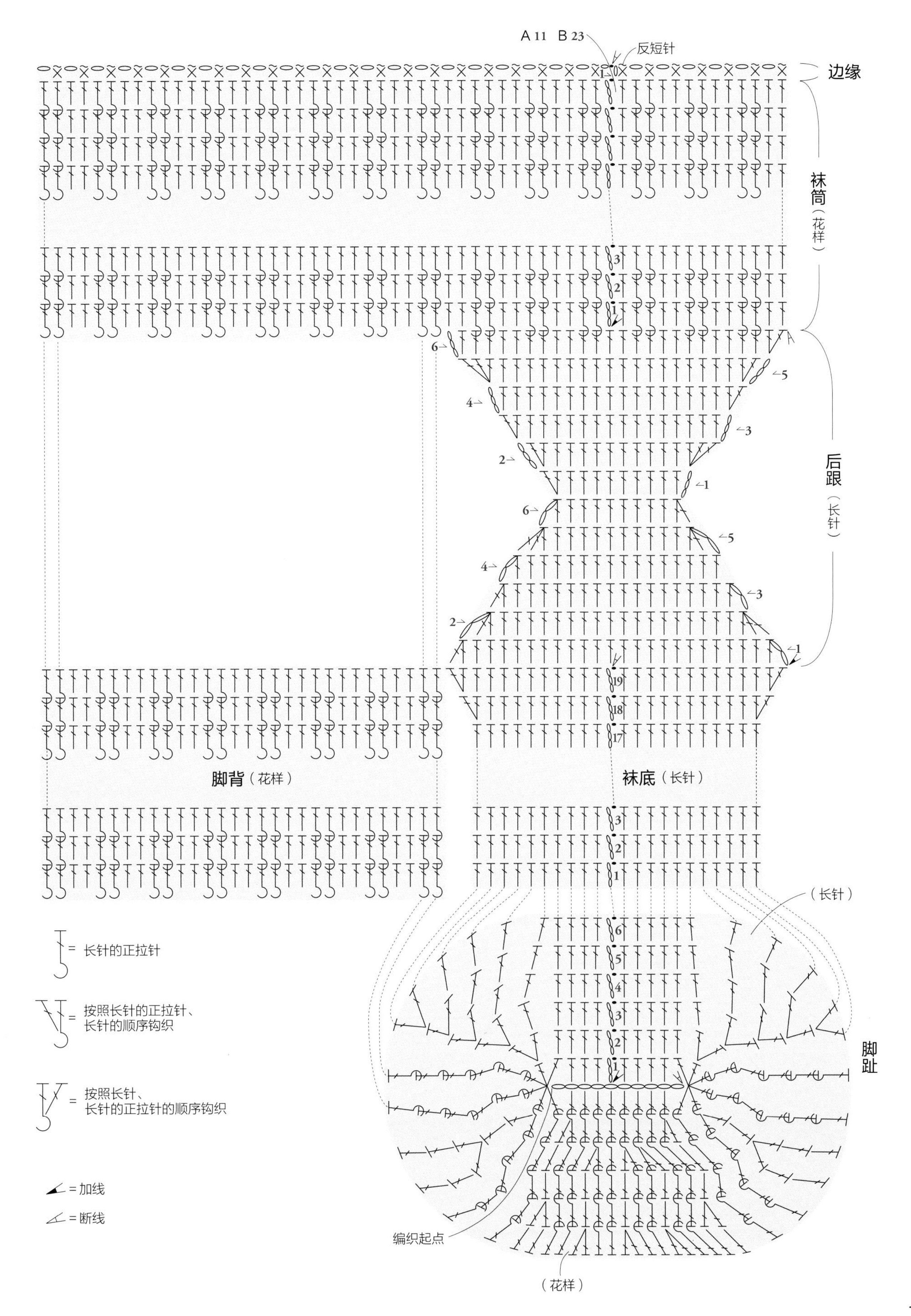
A 11 B 23
反短针
边缘
袜筒（花样）
后跟（长针）
脚背（花样）
袜底（长针）
（长针）
脚趾
= 长针的正拉针
= 按照长针的正拉针、长针的顺序钩织
= 按照长针、长针的正拉针的顺序钩织
= 加线
= 断线
编织起点
（花样）

35 阿兰花样手套 图片：P103

线	○和麻纳卡 Sonomono（粗）（40g/团） 米白色（1）90g
针	○和麻纳卡 双头钩针5/0号、4/0号
钩织密度	长针 花样② 28针13行=10cm×10cm
完成尺寸	手掌一周20cm、长23.5cm

●钩织方法

使用1股线钩织。

使用5/0号钩针，钩56针锁针起针，绕成环，换用4/0号钩针，钩织5行花样①。手掌一侧钩织长针，手背一侧钩织花样②，钩织9行，暂时不断线。在大拇指位置加线，钩8针锁针，断线。使用之前留出的线，继续钩织至第21行。手指部分钩织6行，按照图解减针，用卷针缝缝合剩余的12针。按照图解，在大拇指位置挑18针，圈钩长针，钩织完成后，把线穿过剩余的9针，穿2次，抽紧。以同样的方法钩织另一只手套，大拇指位置留在另一侧。

花样②交叉的钩织方法

第2行的交叉 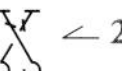

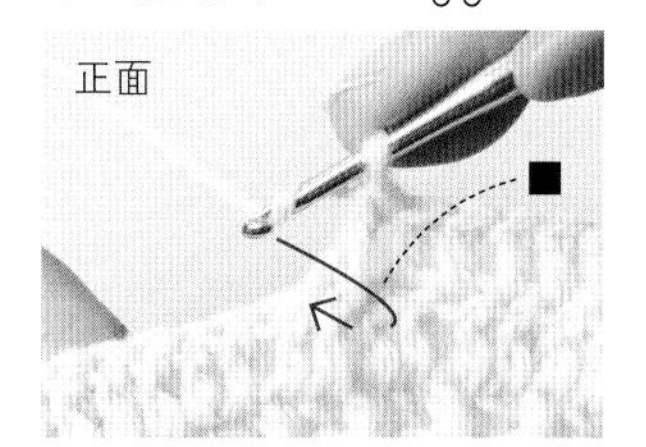

1 跳过1针（■），钩织长针的正拉针，再挑跳过针目（■）的根部，钩织长针的正拉针。

2 将先钩织的1针置于后侧，形成交叉。

第2行的交叉 

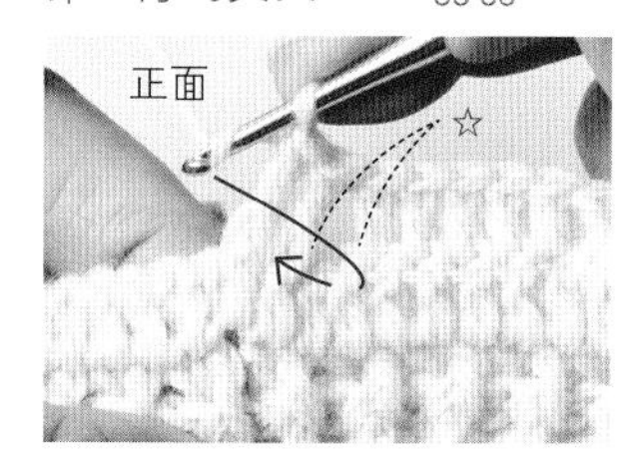

3 跳过2针（☆），钩2针长针的正拉针，再挑跳过针目（☆）的根部，钩2针长针的正拉针。

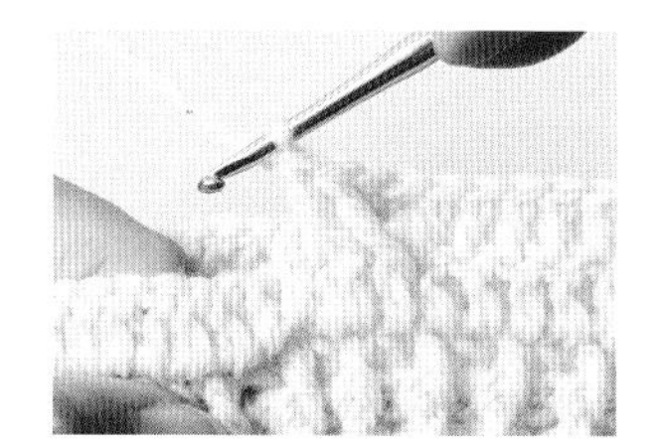

4 将先钩织的2针置于后侧，形成交叉。

第3行的交叉 →3

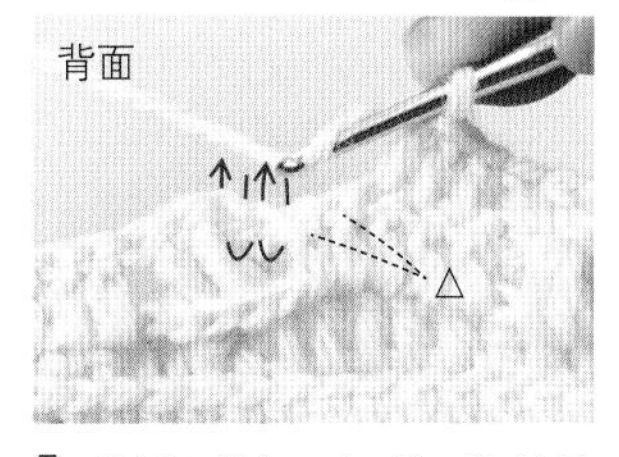

5 跳过2针（△），钩2针长针的反拉针。

*第3行背面朝前进行钩织，因此需要钩织和图解记号相反的针法。

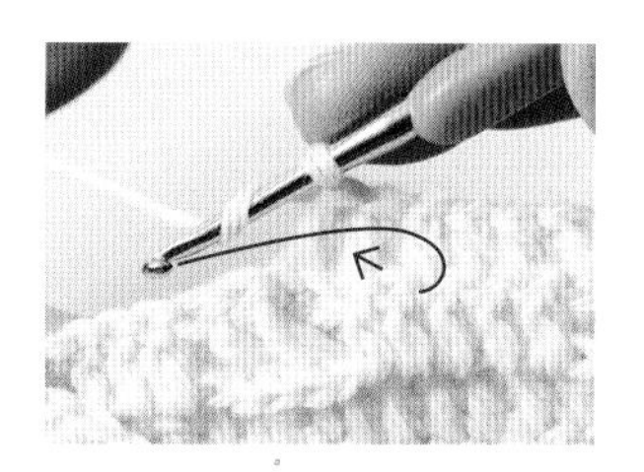

6 钩针插入跳过的2针针目，钩2针长针。

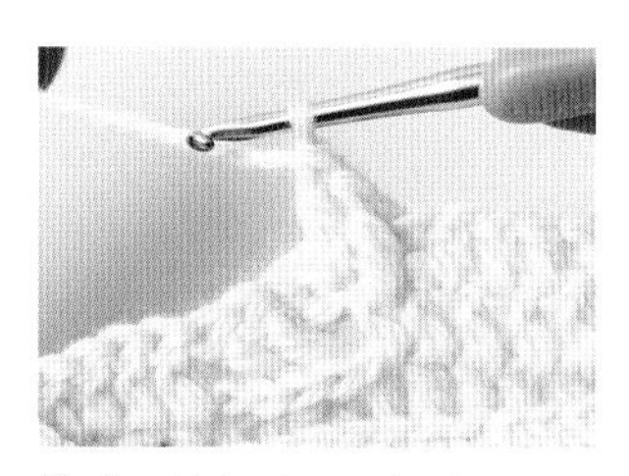

7 将2针长针的反拉针置于后侧，形成交叉。

第3行的交叉 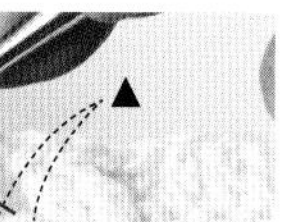

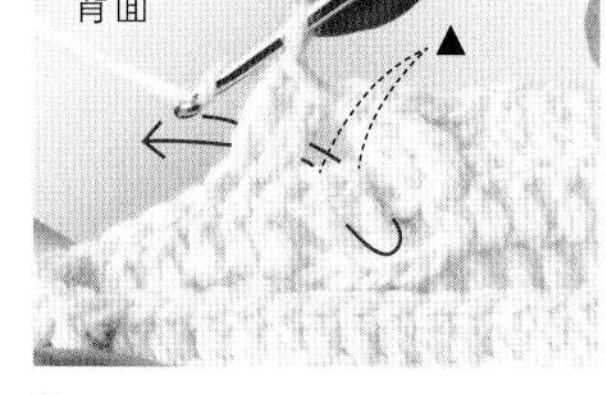

8 跳过2针（▲），钩2针长针，再挑跳过针目（▲）的根部，钩2针长针的反拉针。

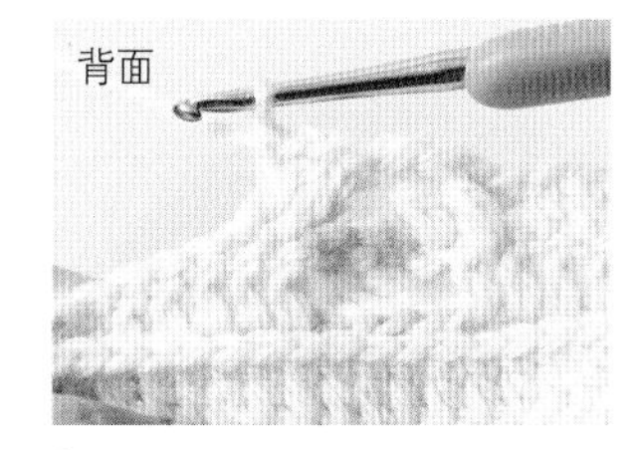

9 将2针长针的反拉针置于后侧，形成交叉。

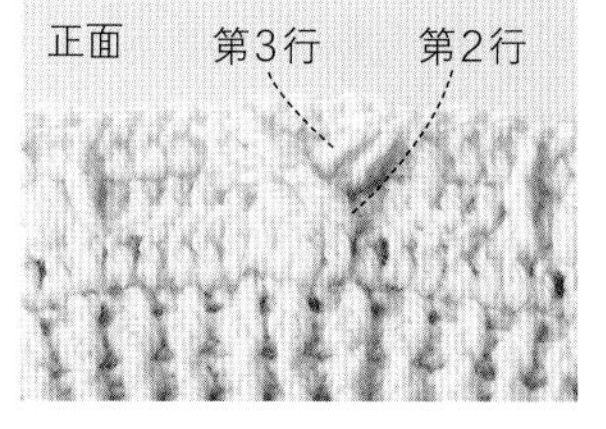

10 将织物翻回正面。形成连续的花样。

第4行的交叉 ←4

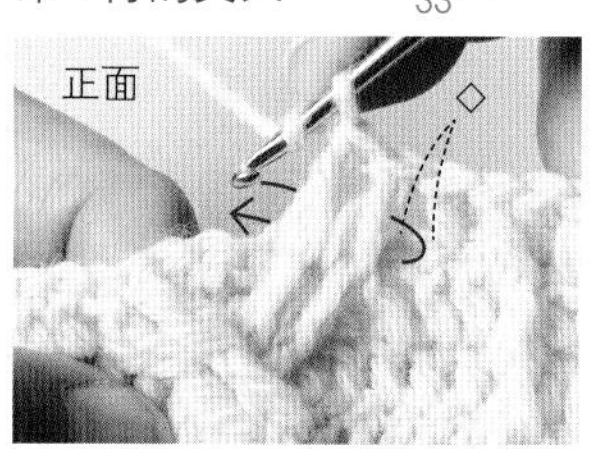

11 跳过2针（◇），钩2针长针的正拉针，绕到后侧钩2针长针。

12 将2针长针的正拉针置于前侧，形成交叉，继续钩连续的花样。

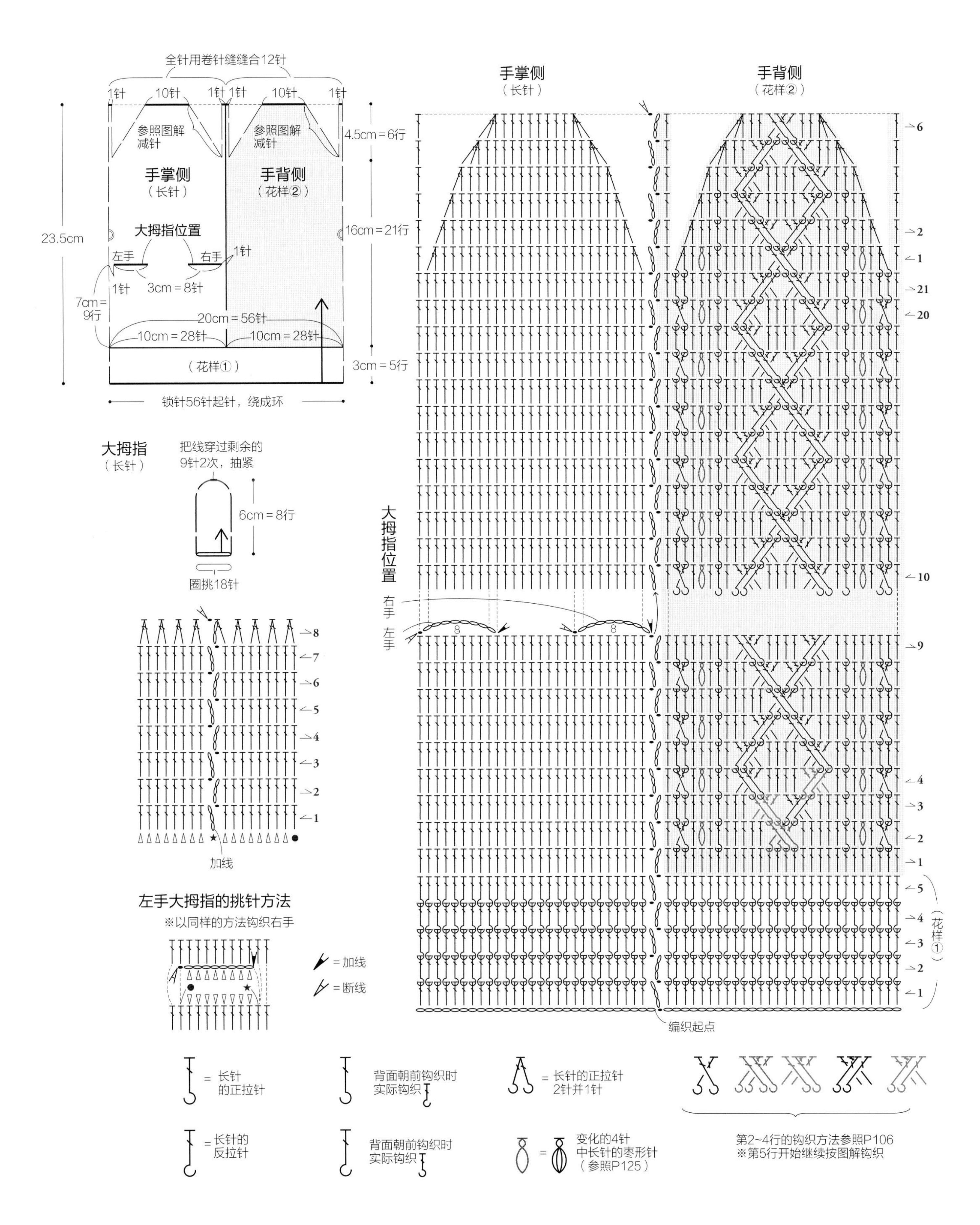

全针用卷针缝缝合12针
1针
10针
1针
1针
10针
1针
参照图解
减针
参照图解
减针
手掌侧
（长针）
手背侧
（花样②）
大拇指位置
左手
右手
1针
1针
3cm＝8针
23.5cm
4.5cm＝6行
16cm＝21行
7cm＝9行
20cm＝56针
10cm＝28针
10cm＝28针
（花样①）
3cm＝5行
锁针56针起针，绕成环
大拇指
（长针）
把线穿过剩余的
9针2次，抽紧
6cm＝8行
圈挑18针
加线
左手大拇指的挑针方法
※以同样的方法钩织右手
＝加线
＝断线
手掌侧
（长针）
手背侧
（花样②）
大拇指位置
右手
左手
（花样①）
编织起点
＝长针
的正拉针
背面朝前钩织时
实际钩织
＝长针的正拉针
2针并1针
＝长针的
反拉针
背面朝前钩织时
实际钩织
＝变化的4针
中长针的枣形针
（参照P125）
第2~4行的钩织方法参照P106
※第5行开始继续按图解钩织

Item 36

三角披巾

制作方法：P109

这是一款又轻又软、手感超棒的三角披巾。钩织正、反拉针形成规律的花纹，也很适合用来搭配西服。

设计：marshell　线材：和麻纳卡 Sonomono Hairy

36 三角披巾 图片：P108

线 ○和麻纳卡 Sonomono Hairy（25g/团）
灰色（124）120g
针 ○和麻纳卡 双头钩针7/0号
钩织密度 花样 14针14行=10cm×10cm
完成尺寸 宽113cm、长57cm

●钩织方法

使用1股线钩织。

线头绕成环，钩织花样56行，按照图解加针。继续一圈钩织1行短针。

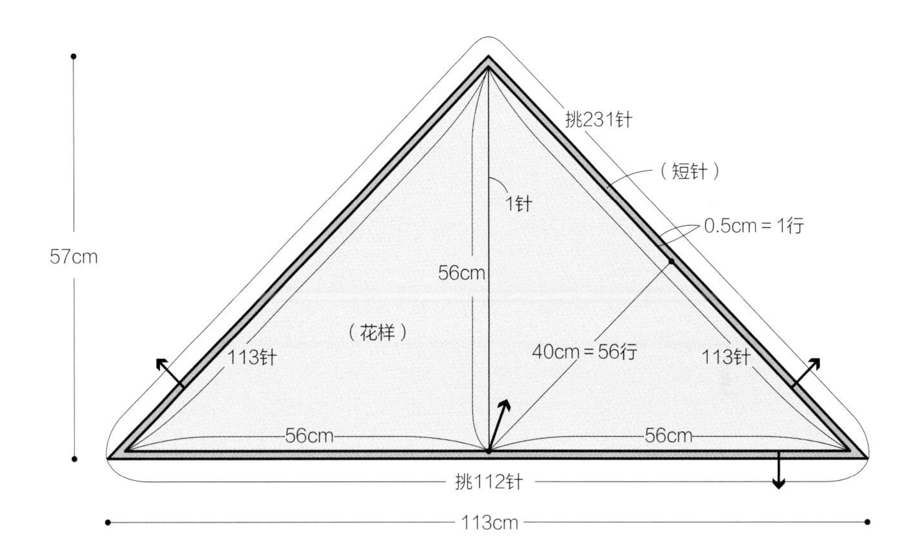

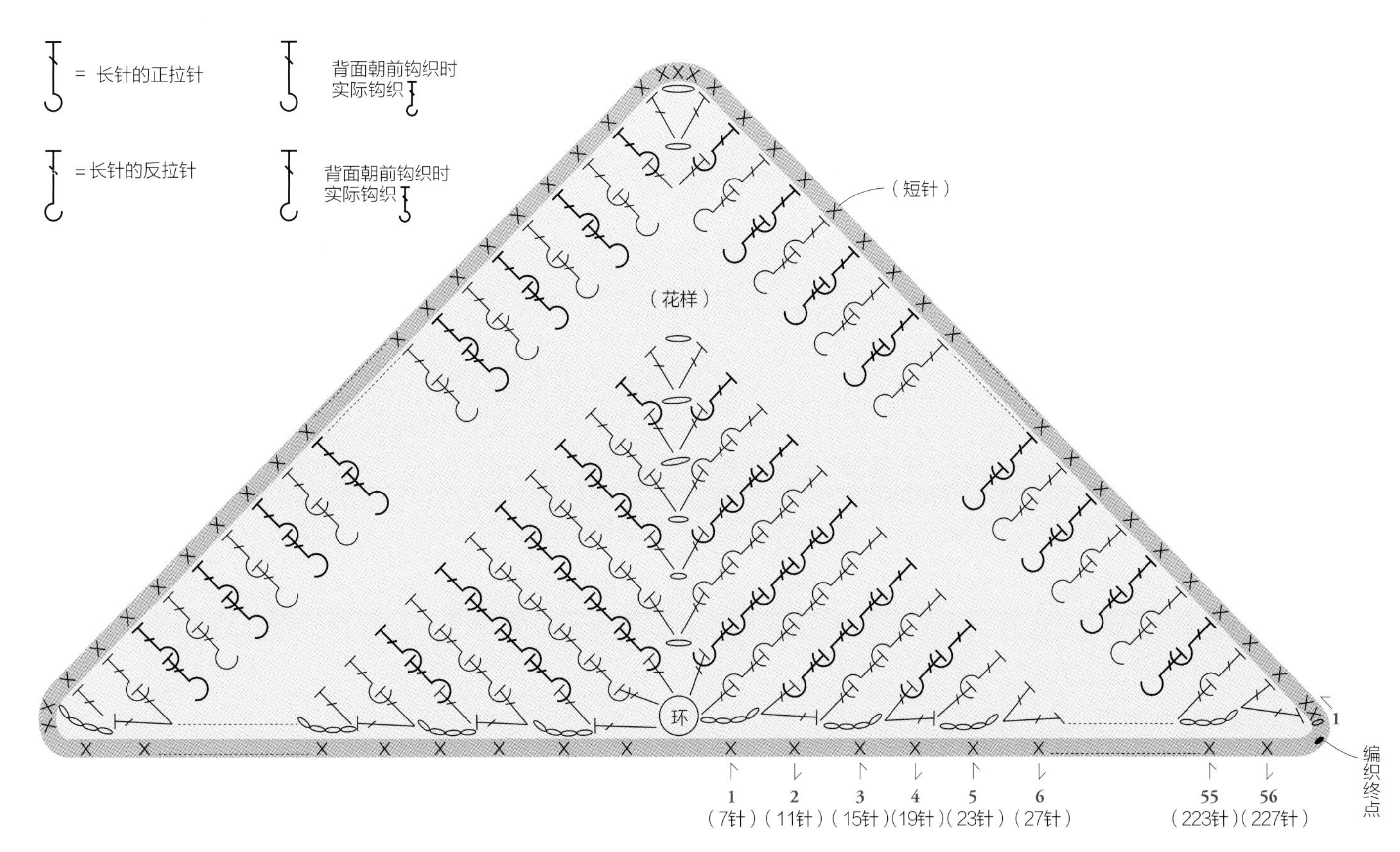

Item 37

长围巾

制作方法：P111

从长边的起针开始钩织，花样中加入狗牙拉针，钩织出惹人喜爱的花朵图案。

设计：远藤Hiromi　线材：和麻纳卡 Sonomono Royal Alpaca

37 长围巾 图片：P110

线	○和麻纳卡 Sonomono Royal Alpaca（25g/团） 米白色（141）120g
针	○和麻纳卡 双头钩针6/0号
钩织密度	花样 1个花样=5.5cm 10行=10cm
完成尺寸	宽29cm、长112cm

●钩织方法

使用1股线钩织。

钩245针锁针起针，钩织29行花样。起针一侧钩织1行边缘。

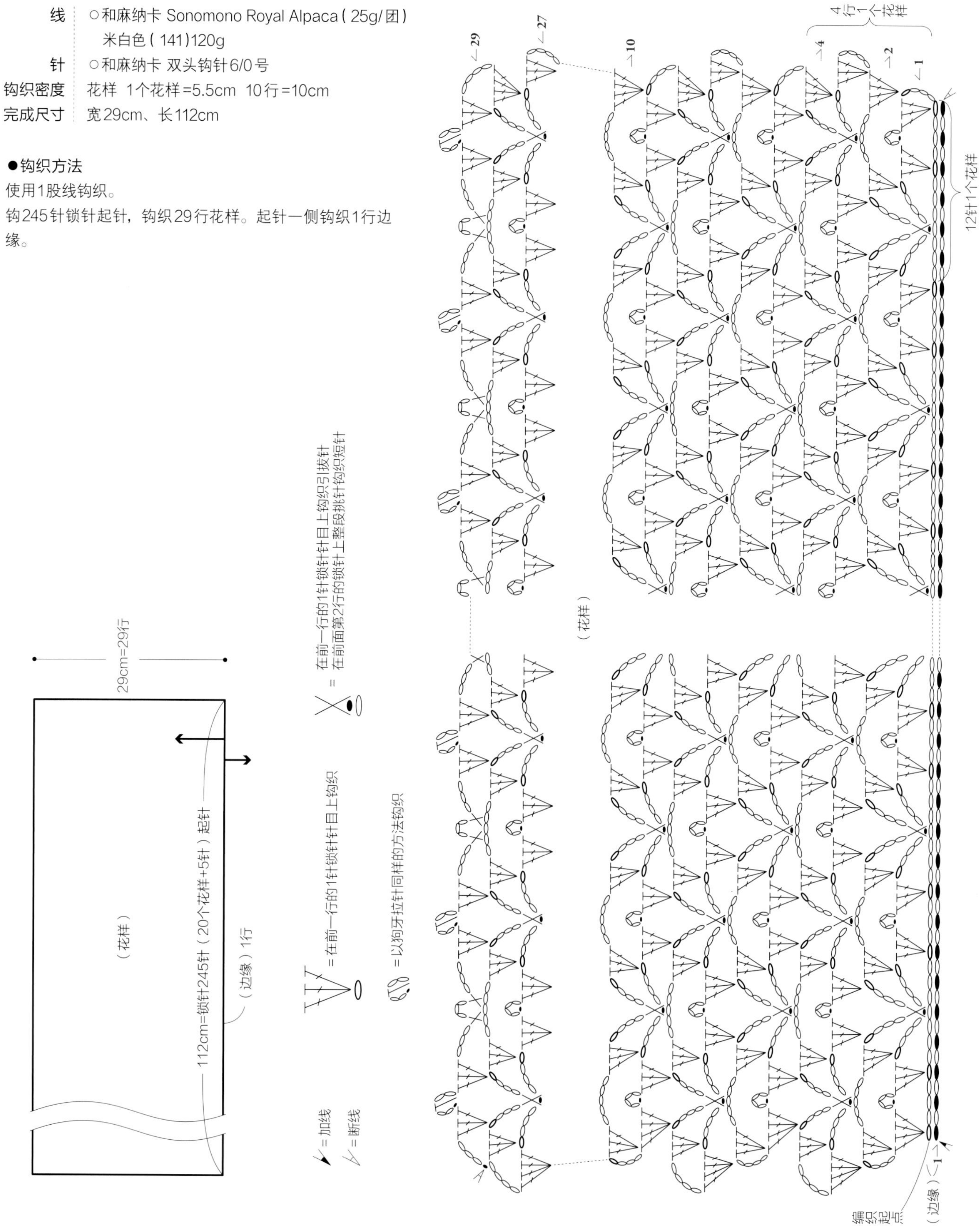

Item 38

格子花纹的围脖

制作方法：P113

线包住前一行进行钩织，可以呈现出格纹的效果。这一设计大方时髦，钩织方法虽然简单，但新鲜感十足。

设计：桥本真由子　线材：和麻纳卡 Mens’s Club MASTER

38 格子花纹的围脖 图片：P112

线　○和麻纳卡 Mens' s Club MASTER（50g/团）
　焦茶色（58）65g　象牙白色（22）40g
针　○和麻纳卡 双头钩针8/0号
钩织密度　花样 13针=10cm 3个花样（9行）= 8cm
完成尺寸　颈围61cm，长20cm

●钩织方法

使用1股线，按照指定配色钩织。

钩80针锁针起针，绕成环状，钩织23行，没有加减针。改换配色线时不用断线，从织物背面渡线。

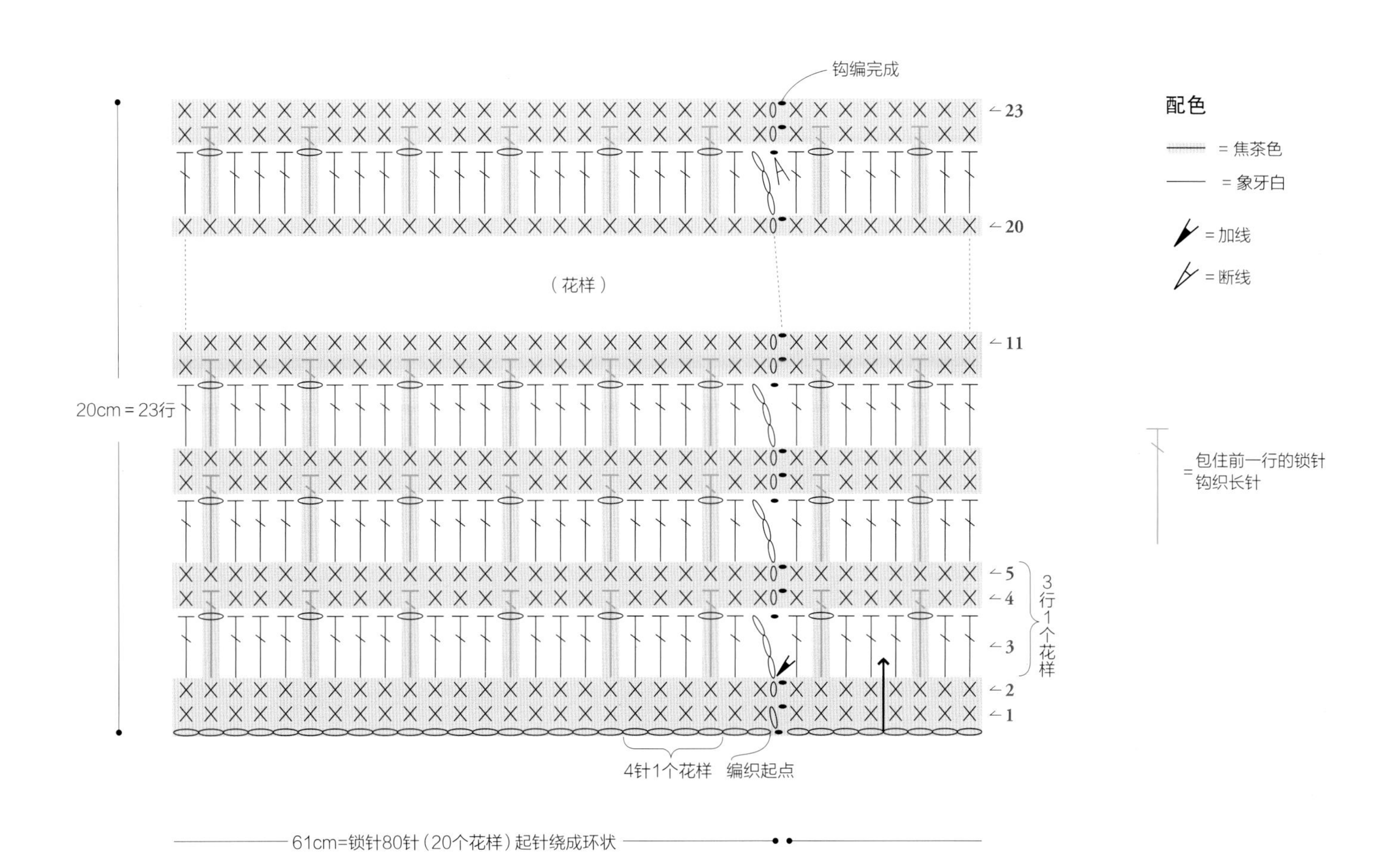

第4行的钩织方法

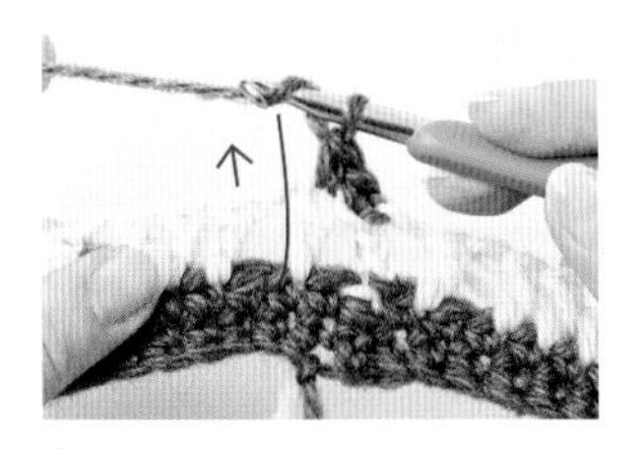

1 钩1针锁针作为立针，再钩2针短针。包住前一行的锁针，将钩针插入前面第2行的短针针目。

2 将线圈引拔得稍长一些，钩织长针。

3 前一行的锁针被包在长针里。

4 钩3针短针，在前面第2行的短针针目上钩1针长针。重复钩织。

黑、白、红三色提花，就像是欧洲古旧艺术品的配色，典雅大方。

设计：冈MARIKO　制作：大西HUTABA　线材：和麻纳卡 Amerry

Item 40

麻花花样帽子

制作方法：P118

使用正、反拉针钩织出麻花花样，折边也钩织出罗纹的样式。是男女通用、方便搭配的好设计。

设计：marshell　线材：和麻纳卡 Amerry

39 提花手套 图片：P114

线 ○和麻纳卡 Amerry（40g/团）
自然黑色（24）50g
本白色（20）25g
深红色（5）5g

针 ○和麻纳卡 双头钩针
5/0号、6/0号

钩织密度 短针条纹针提花花样①、②
23针 18行=10cm×10cm

完成尺寸 手掌一周21cm、长24cm

●钩织方法

使用1股线，按照指定的钩针和配色钩织。钩36针锁针起针，绕成环状，使用5/0号钩针钩织7行花样。改换6/0号钩针，第1行加至48针，钩织7行短针条纹针提花花样①。继续钩织18行提花花样②，在第4行留出大拇指位置。手指部分钩织9行，按照图解减针，用卷针缝缝合剩余的6针。按照图解，在大拇指位置挑16针，圈钩12行短针条纹针。钩织完成后，把线穿过剩余的4针2次，抽紧。以同样的方法钩织另一只手套，大拇指位置留在另一侧。

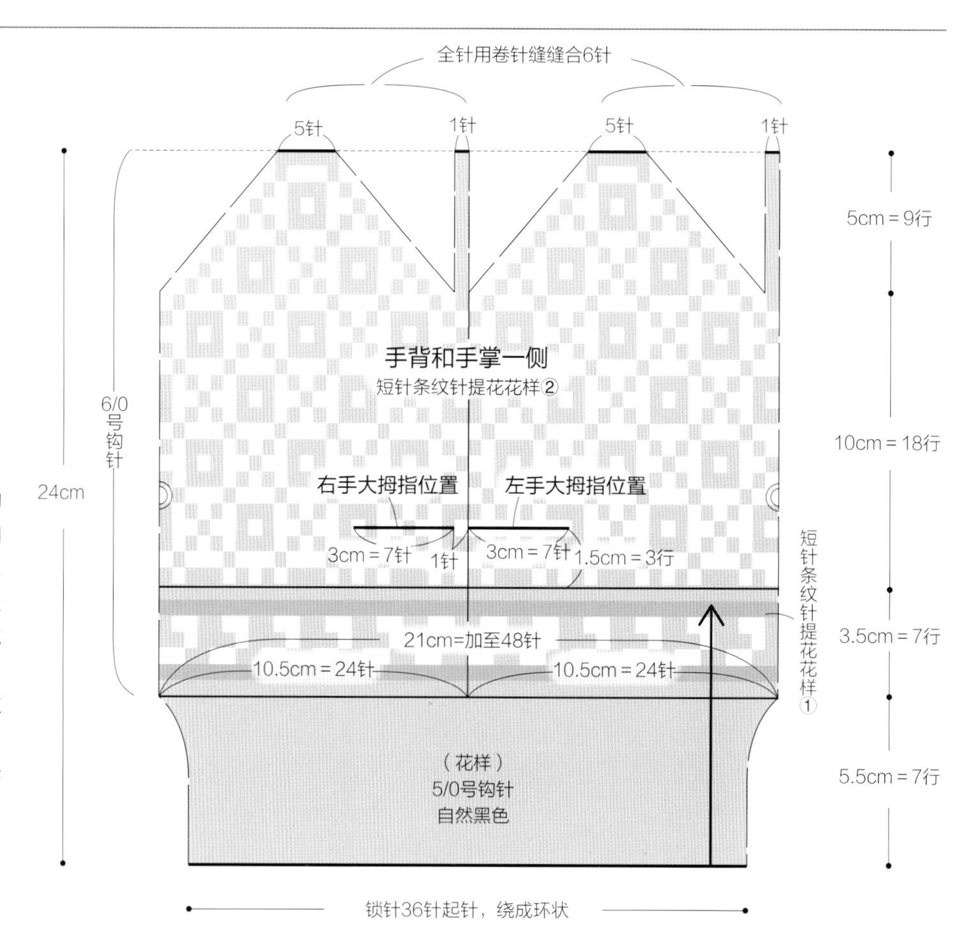

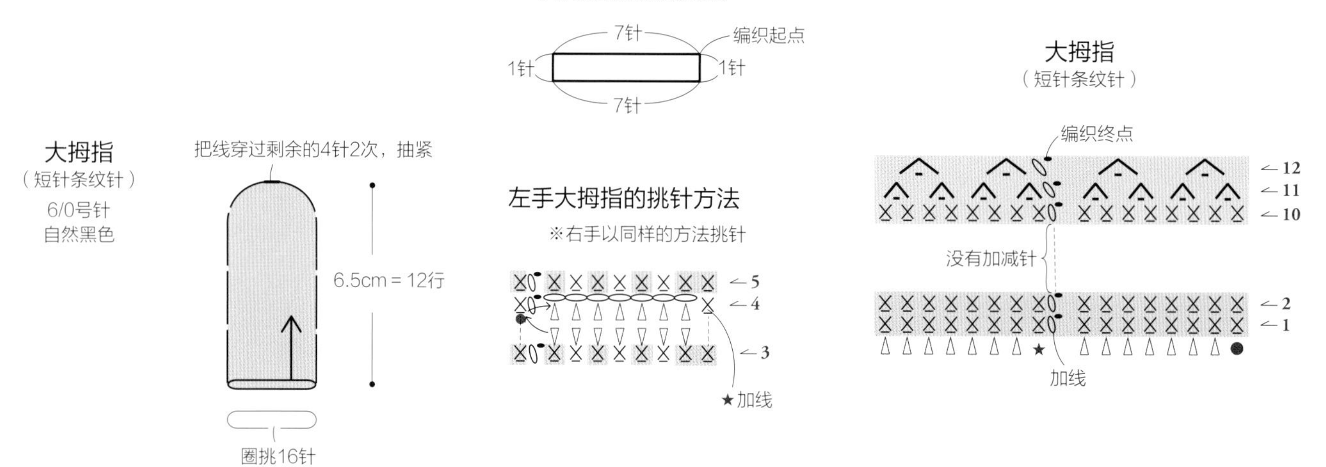

提花花样的钩织方法（包线）

1

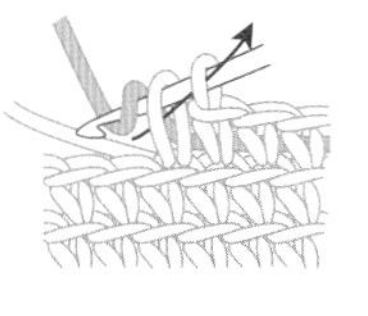

包住不钩织的线，钩织短针条纹针。改换配色线时，在前一针目引拔时改换。

2

换好的线以同样的方法，包住不钩织的线，继续钩织短针条纹针。

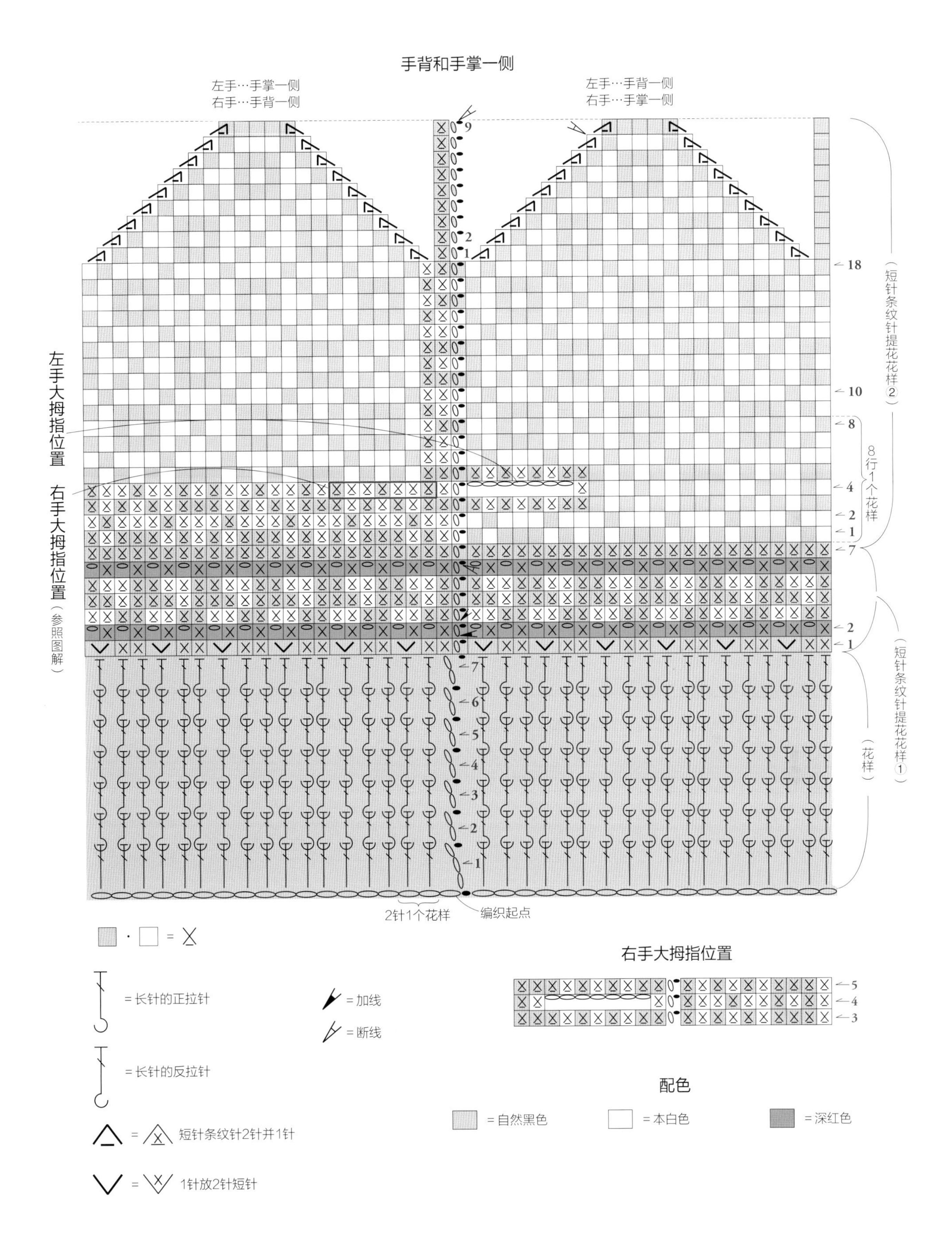

手背和手掌一侧
左手…手掌一侧
右手…手背一侧
左手…手背一侧
右手…手掌一侧
左手大拇指位置
右手大拇指位置
（参照图解）
（短针条纹针提花花样②）
8行1个花样
（短针条纹针提花花样①）
（花样）
2针1个花样
编织起点
= 长针的正拉针
= 长针的反拉针
= 加线
= 断线
= 短针条纹针2针并1针
= 1针放2针短针
右手大拇指位置
配色
= 自然黑色
= 本白色
= 深红色

40 麻花花样帽子 图片：P115

线	○和麻纳卡 Amerry（40g/团） 灰色（22）140g
针	○和麻纳卡 双头钩针6/0号
钩织密度	花样① 18.5针15行=10cm×10cm 花样② 21针14行=10cm×10cm
完成尺寸	头围50cm、帽深24cm

●钩织方法

使用1股线钩织。

钩92针锁针起针，钩织16行花样①，没有加减针。翻转织物，从起针的另一侧挑针，钩织花样②，按照图解减针。钩织完成后，把线穿过剩余的14针，抽紧。将花样①的部分向外侧翻折。

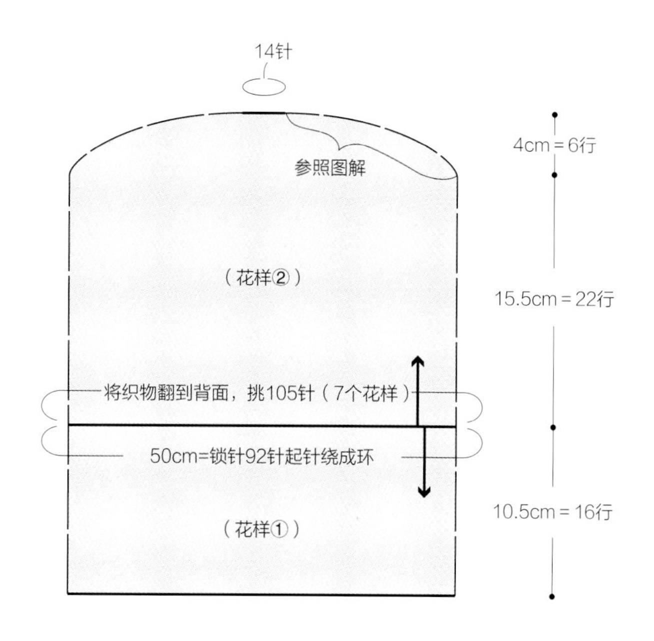

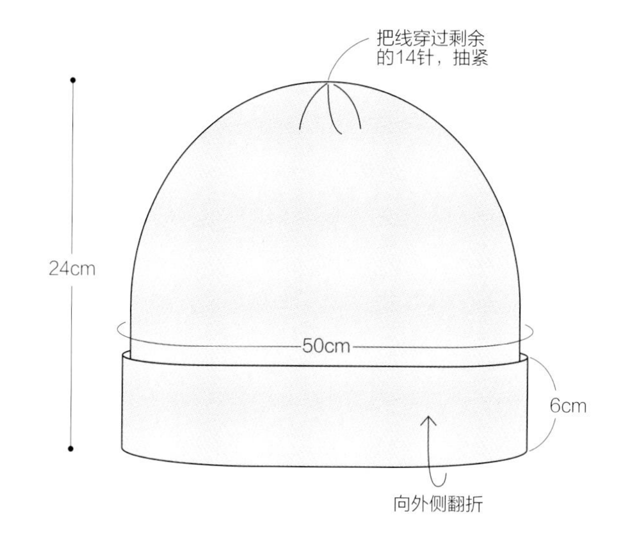

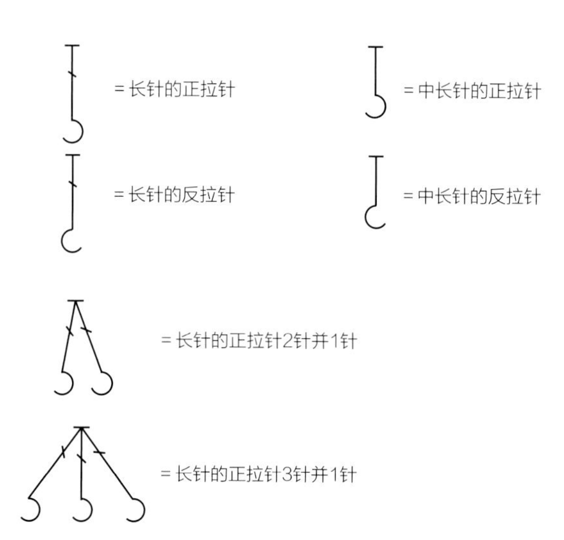

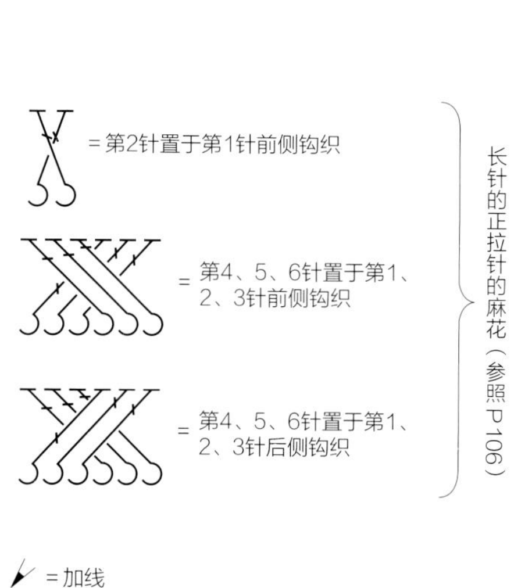

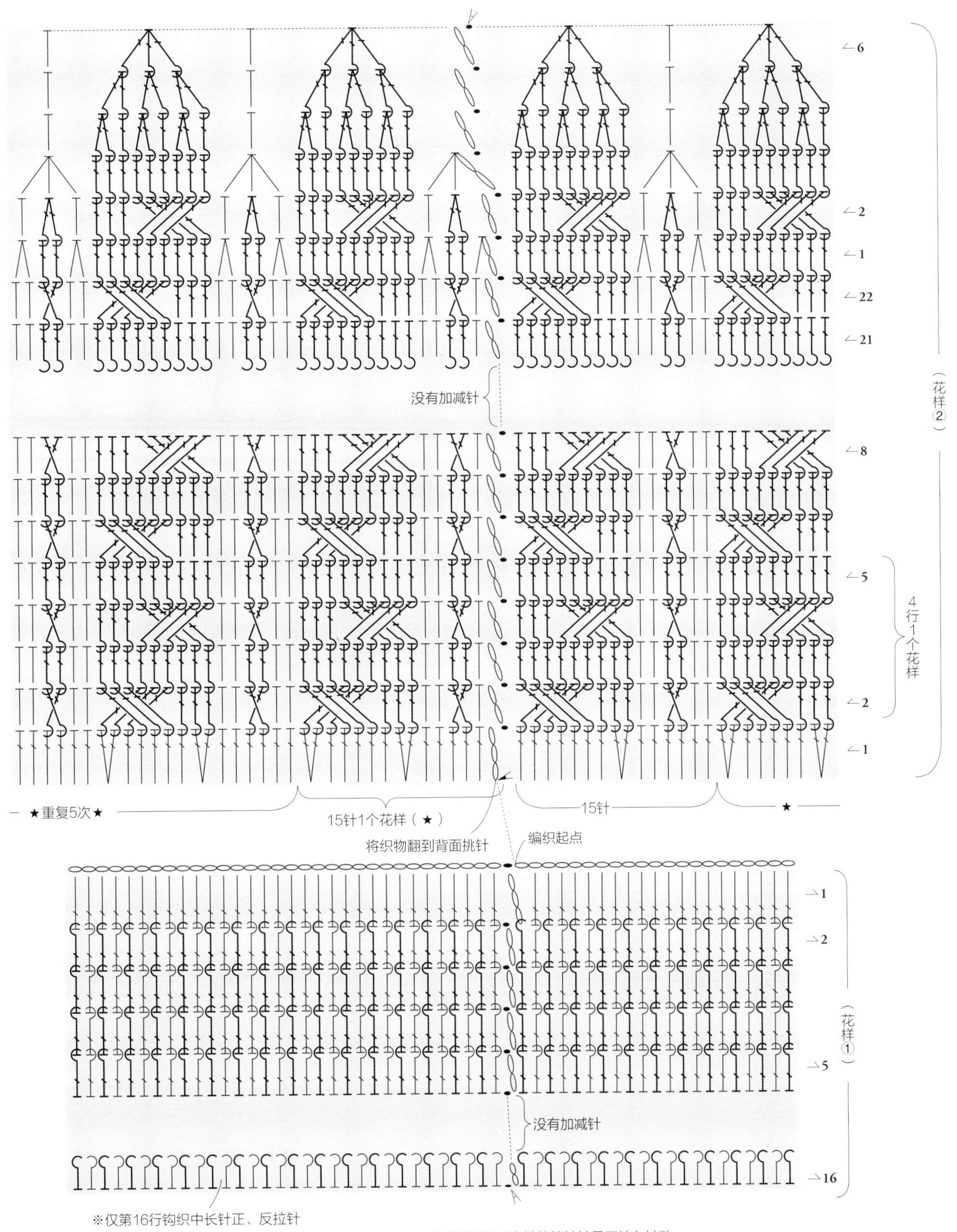

※第2行以后立针的锁针针目不计入针数

B

A

Item **41**

短针小礼帽

制作方法：P120

流行的中性风设计，礼帽的帽冠中心下凹。包住定型线一起钩织，留有一定弹性的同时，还能很好地保持帽形。这里介绍了不同尺寸和颜色改换的钩织方法。

设计：SUGIYA MOTOMO　线材：和麻纳卡 Mens' s Club MASTER

41 短针小礼帽 图片：P120

线	○和麻纳卡 Mens' s Club MASTER（50g/团） 【A】焦茶色（58）85g 藏青色（7）10g 【B】蓝灰色（51）75g 藏青色（7）10g
针	○和麻纳卡 双头钩针10/0号
其他	○和麻纳卡 边缘定型线（H204-593） 【A】14m【B】13m ○和麻纳卡 热收缩管（H204-605）各5cm
钩织密度	短针 12.5针12.5行=10cm×10cm
完成尺寸	参照图示

●钩织方法

使用1股线，按照指定的配色钩织。

线头绕成环，钩出8针短针。从第2行开始按照图解加针，第3行开始包住边缘定型线钩织（参照P43），帽冠的最后3行改换颜色钩织。继续钩织帽檐，包住边缘定型线钩织短针。最后一行不用包边缘定型线，钩织引拔针。

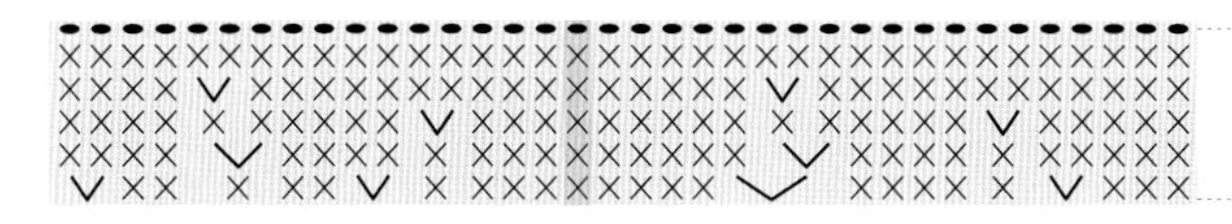

A

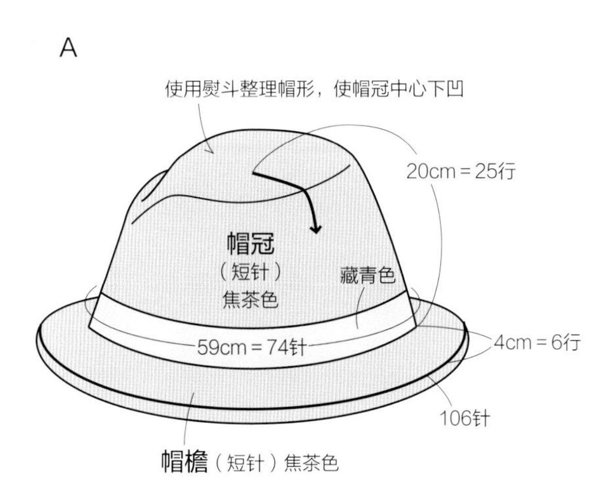

B

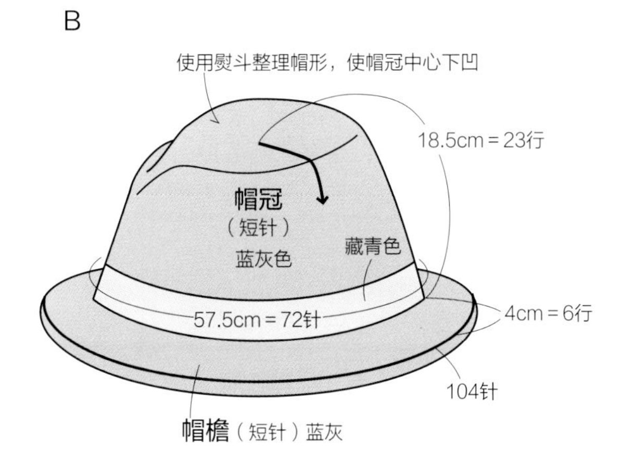

每一行的针数和加减针

▢包住边缘定型线钩织 ▢使用藏青色线钩织

部分	行	A 针数	A 加减针	B 针数	B 加减针
帽檐	6	106针	没有加减针	104针	和A相同
	5	106针		104针	
	4	106针	每行加7针	104针	
	3	99针		97针	
	2	92针		90针	
	1	85针	加11针	83针	
帽冠	25	74针	没有加减针		
	24				
	23			72针	没有加减针
	22				
	21				
	20				
	19				
	18				
	17	74针	加2针		
	16	72针	没有加减针	72针	和A相同
	15	72针	加4针	72针	
	14	68针	没有加减针	68针	
	13	68针		68针	
	12	68针	加4针	68针	
	11	64针	没有加减针	64针	
	10	64针	加8针	64针	
	9	56针	没有加减针	56针	
	8	56针	每行加8针	56针	
	7	48针		48针	
	6	40针	没有加减针	40针	
	5	40针	每行加8针	40针	
	4	32针		32针	
	3	24针		24针	
	2	16针		16针	
	1	钩出8针			

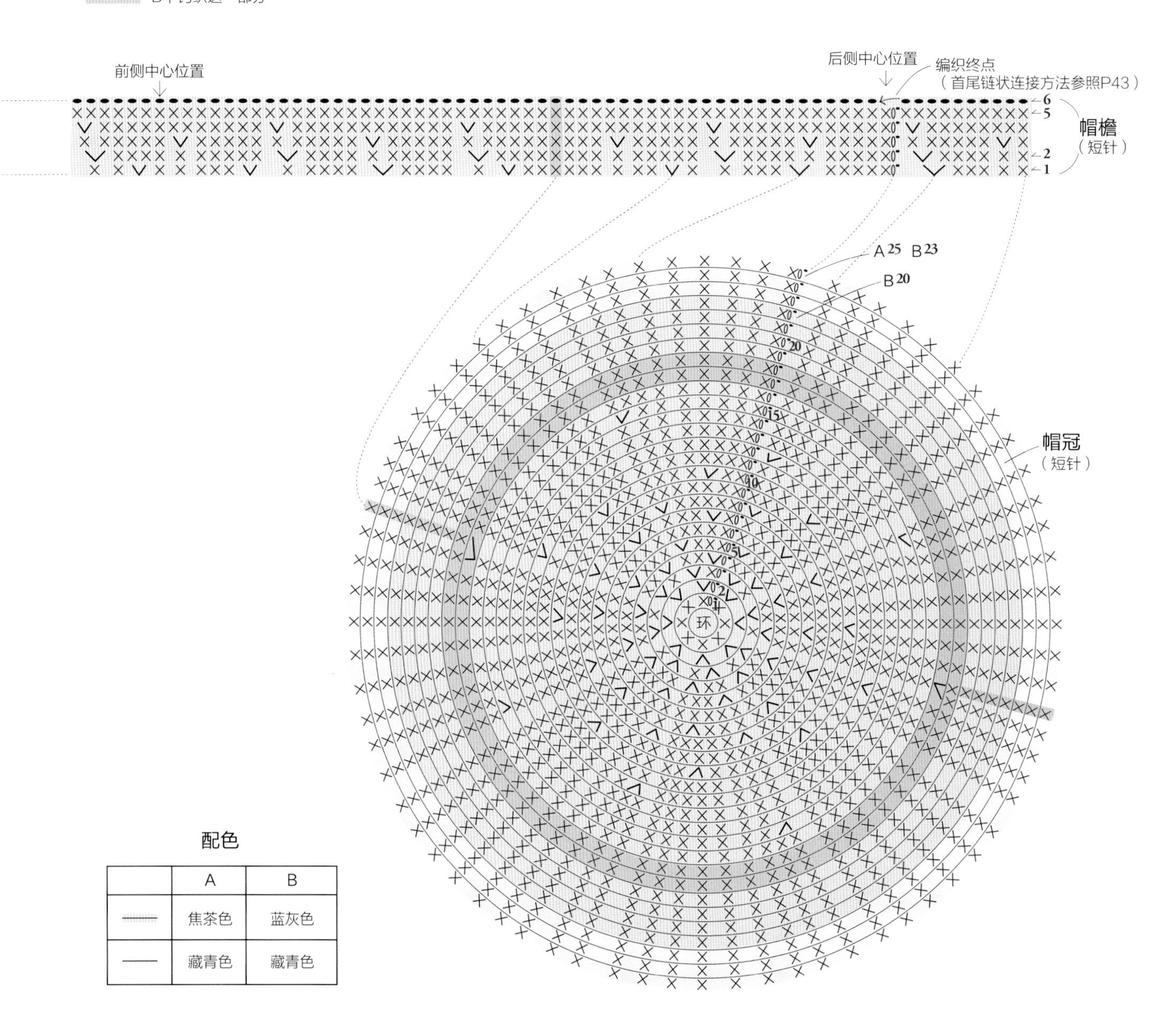

	A	B
（粗线）	焦茶色	蓝灰色
（细线）	藏青色	藏青色

钩针编织的基础

[钩编记号]

锁针

1　2　3　4　5

拉线头，抽紧线环

短针

1 立织的1针锁针

钩1针锁针作为立针，挑第1针起针针目。

2 钩针挂线，沿箭头方向引拔。

3 钩针挂线，一次钩过针上的所有线圈。

4 完成1针。立针的锁针不计入针数。

5 重复步骤1~3。

6

中长针

1 立织的2针锁针

钩2针锁针作为立针。钩针挂线，挑第2针起针针目。

2 钩针挂线，沿箭头方向引拔，把线拉至2针锁针的高度。

3 钩针挂线，一次钩过针上的所有线圈。

4 完成1针。立针的锁针计为1针。

5 重复步骤1~3。

6

长针

1 立织的3针锁针

钩3针锁针作为立针。钩针挂线，挑第2针起针针目。

2 钩针挂线，沿箭头方向引拔，把线拉至1行高度的一半。

3 把线拉至1行的高度。

4 钩针挂线，一次钩过针上的所有线圈。

5 完成1针。立针的锁针计为1针。

6 重复步骤1~4。

引拔针

1 挑前一行的针目。

2 钩针挂线后直接从线圈中拉出，即为引拔。

3

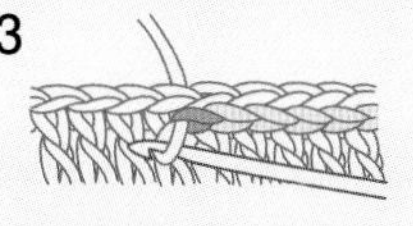

重复步骤1、2，注意不要过紧，避免使针目起皱

长长针

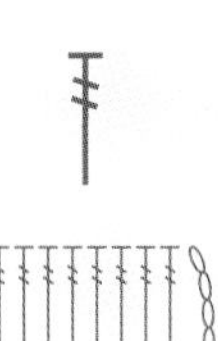

1

钩4针锁针作为立针。钩针挂线2圈，挑第2针起针针目。

2

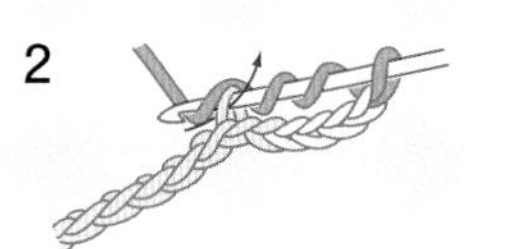

钩针挂线，沿箭头方向引拔，把线拉至1行高度的1/3。

3

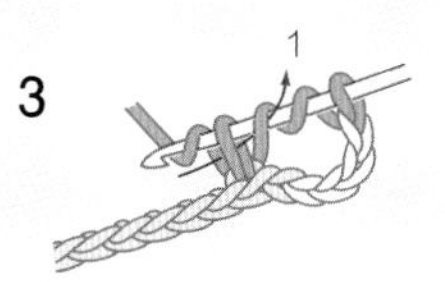

钩针挂线，一次钩过针上的2个线圈。

4

钩针挂线，再一次钩过针上的2个线圈。

5

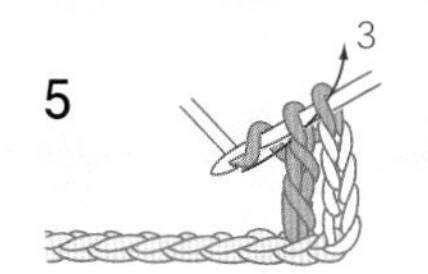

钩针挂线，一次钩过针上剩余的2个线圈。

6

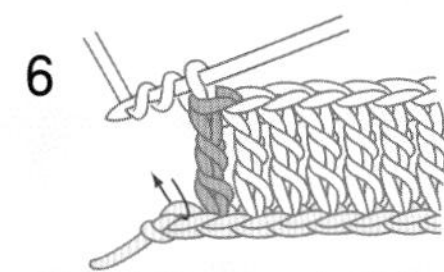

重复步骤**1~5**。立针的锁针计为1针。

3卷长针

钩针挂线 3 圈，以“ 长长针 ”同样的方法钩织。

1针放2针短针

1

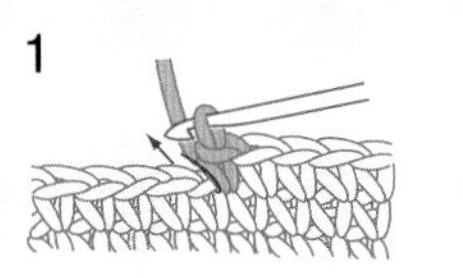

钩1针短针，在同一针目中再钩1针短针。

2

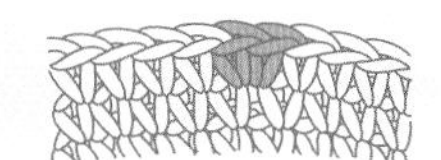

增加1针。

1针放3针短针

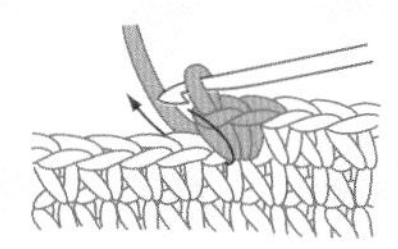

以“1 针放 2 针短针 ”同样的方法，在同一针目中钩 3 针短针。

1针放2针中长针

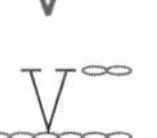

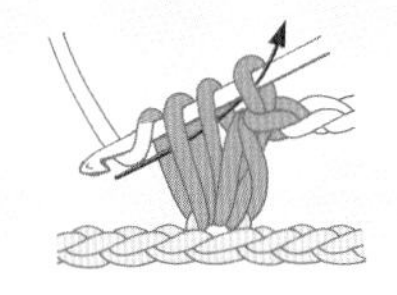

钩1针中长针，钩针插入同一针目，再钩1针中长针。

1针放2针长针

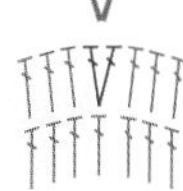

1

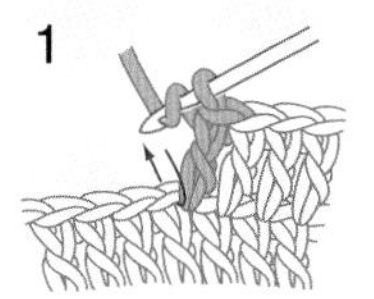

钩 1 针长针，钩针插入同一针目。

2

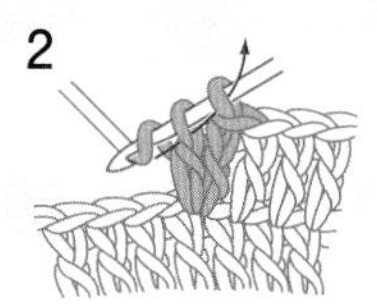

对齐针目的高度，再钩 1 针长针。

3

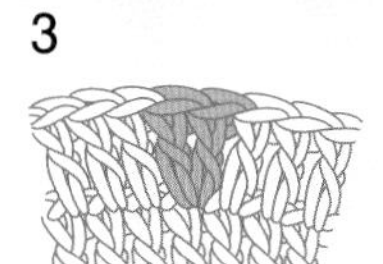

增加 1 针。钩织针数增加时，以同样的方法钩织即可。

短针2针并1针

1

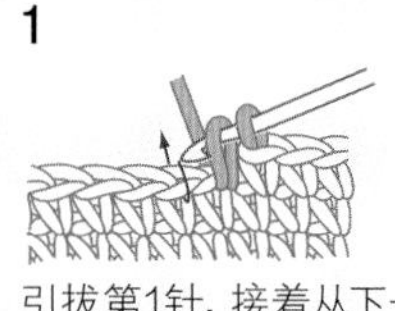

引拔第1针，接着从下一针目中引拔。

2

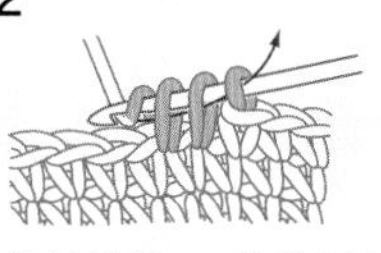

钩针挂线，一次钩过针上的所有线圈。

3

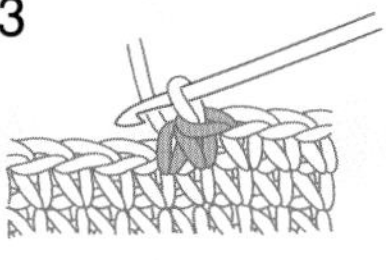

2针并为1针。

短针3针并1针

以“短针2针并1针”同样的方法，引拔3针，再一起钩织。

长针2针并1针

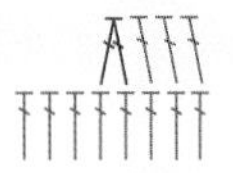

1

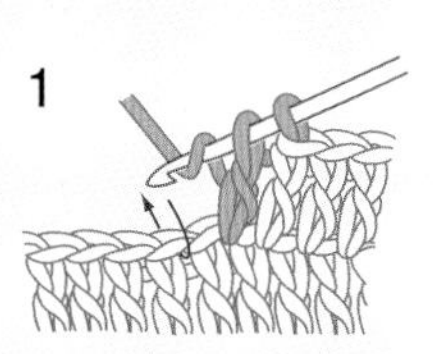

钩织未完成的长针，钩针插入下一针目，引拔。

2

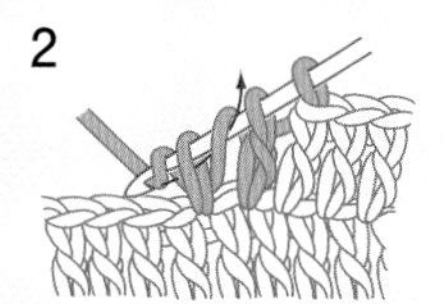

钩织未完成的长针。

3

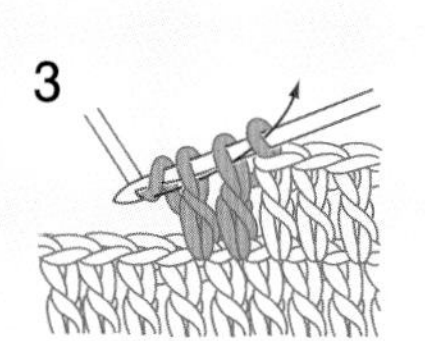

对齐针目的高度，一起引拔。

4

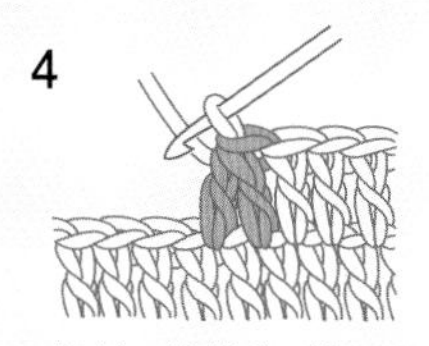

长针2针并为1针。

V 和 V 的区别

根部闭合的情况

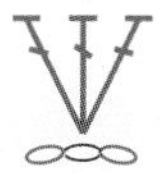

根部分开的情况

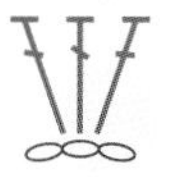

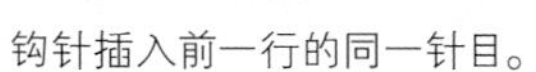

钩针插入前一行的同一针目。

在前一行的锁针上整段挑针。

3针长针的枣形针

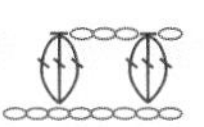

1

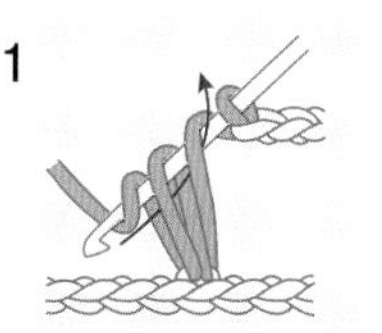

钩3针未完成的长针（图示为第1针）。

2

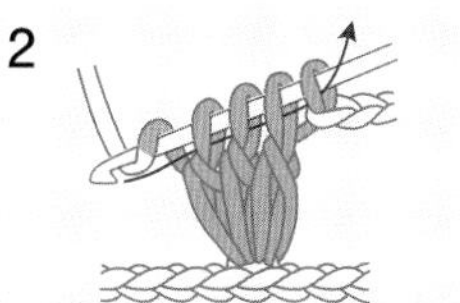

钩针挂线，一起引拔。

3

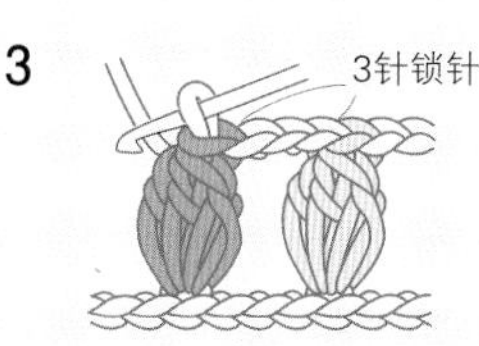

2针长针的枣形针

以"3针长针的枣形针"同样的方法，钩2针长针。

3针中长针的枣形针

※针数不同的情况，以同样的方法钩织即可

1

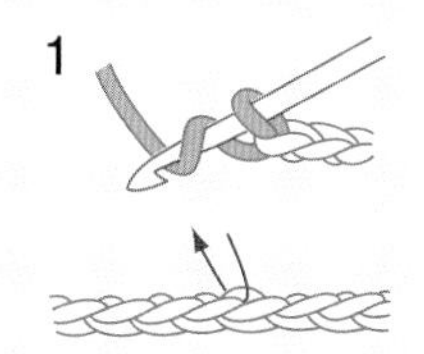

钩针挂线，沿箭头方向插入钩针，引拔（未完成的中长针）。

2

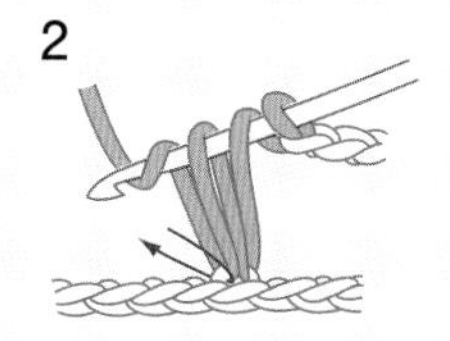

在同一针目中再钩1针未完成的中长针。

3

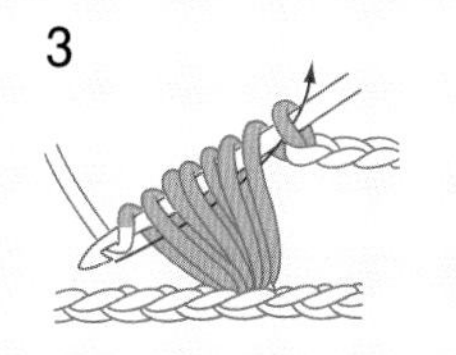

再在同一针目中钩1针未完成的中长针，对齐3针的高度，一起引拔。

4

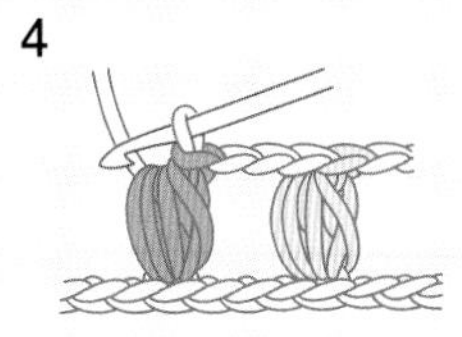

完成。

变化的3针中长针的枣形针

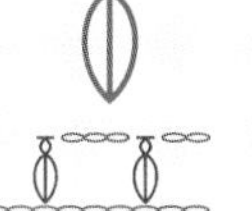

※针数不同的情况，以同样的方法钩织即可

1

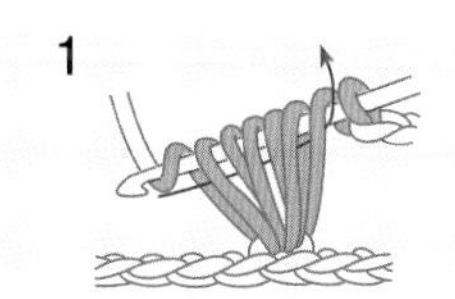

以"3针中长针的枣形针"同样的方法，钩针挂线，沿箭头方向引拔。

2

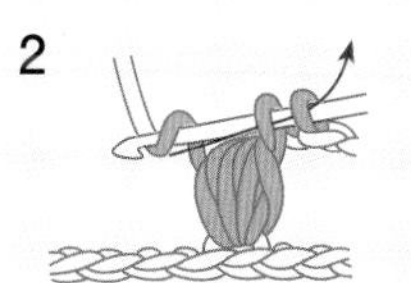

钩针挂线，一次钩过针上的2个线圈。

3

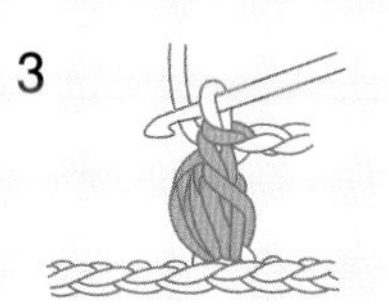

完成。

变化的2针中长针的枣形针

以"变化的3针中长针的枣形针"同样的方法，钩2针中长针。

5针长针的爆米花针

※针数不同的情况，以同样的方法钩织即可

1

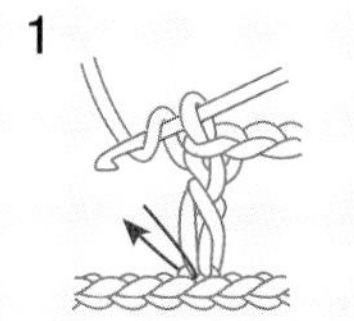

在同一针目中钩5针长针。

2

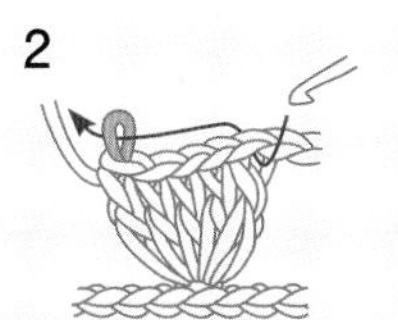

退出钩针，沿箭头方向插入第1针。

3

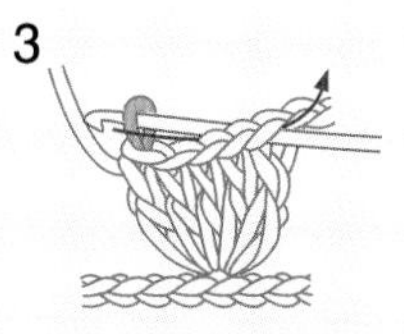

沿箭头方向引拔。

4

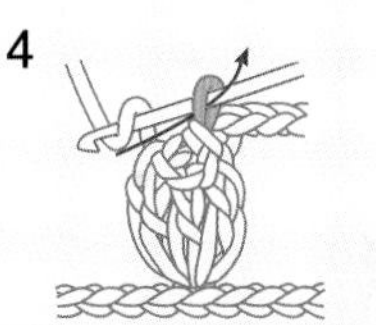

钩针挂线，钩1针锁针。这一针为爆米花针的针目。

短针棱针

1

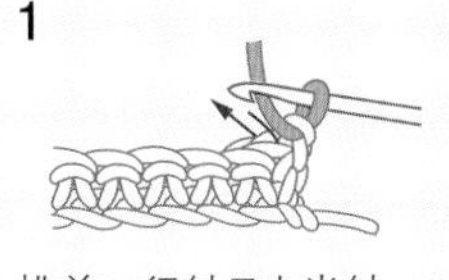

挑前一行针目上半针的1根线。

2

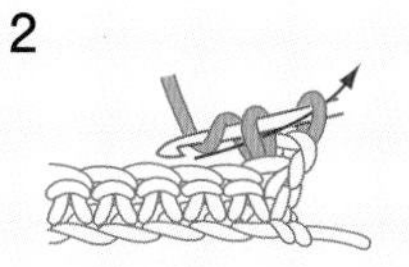

钩织短针。

3

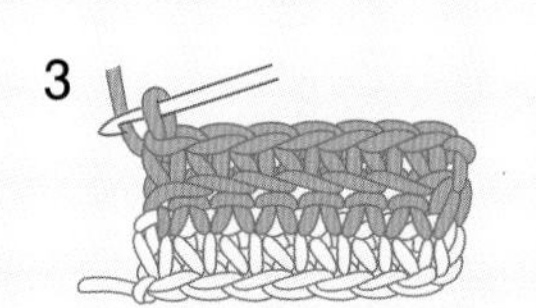

每一行改变方向，往返钩织。2行可以形成一条棱。

换色的方法

（圈钩）

1

2

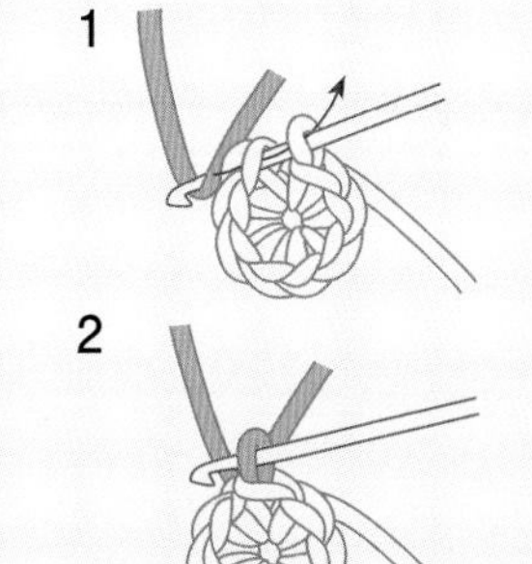

在换色的前一针目引拔时，改换新线钩织。

短针条纹针

1

挑前一行短针针目上半针的1根线。

2

钩织短针。

3

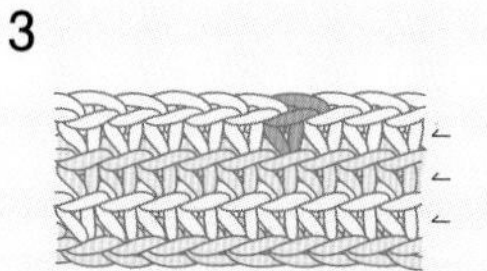

前一行针目下半针的1根线形成条纹。

反短针

1
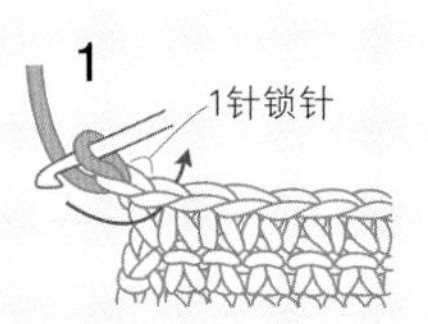

沿箭头方向，钩针从前侧绕转插入。

2
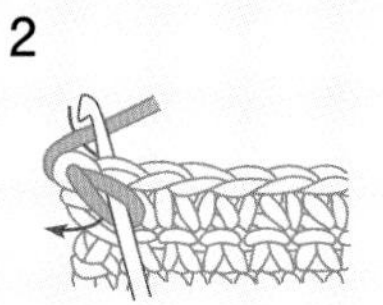

钩针挂线，沿箭头方向引拔。

3
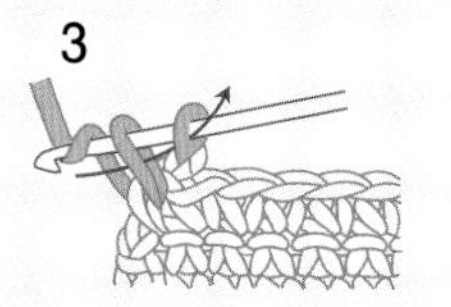

钩针挂线，一次钩过针上的2个线圈。

4
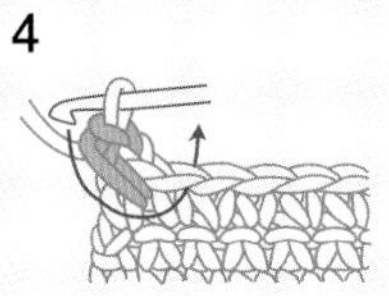

重复步骤**1~3**，从织物左侧向右侧钩织。

5

3针锁针的狗牙拉针

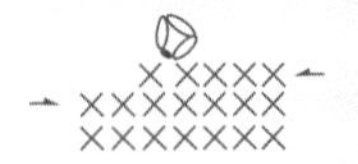

1
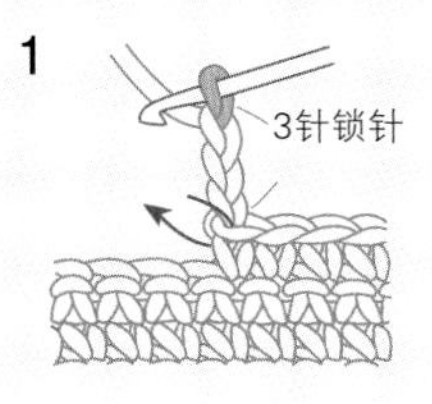

钩3针锁针。沿箭头方向，挑短针针目的半针和根部的1根线。

2
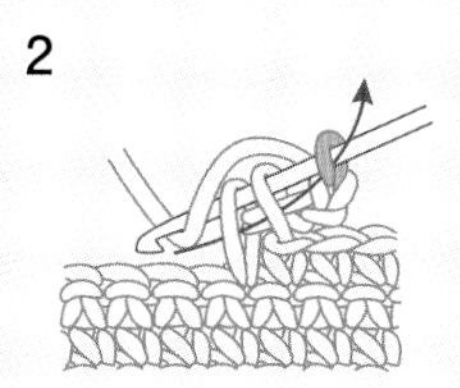

钩针挂线，一次钩过所有的线圈。

3
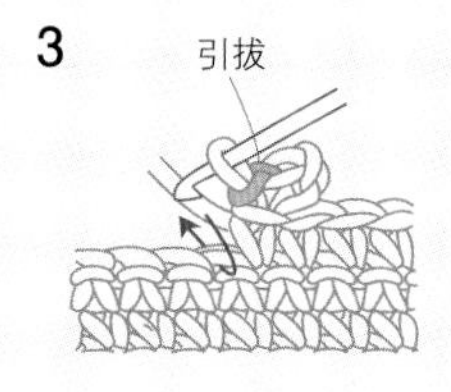

完成。下一针钩织短针。锁针的针数有增减时，以同样的方法钩织即可。

长针的正拉针

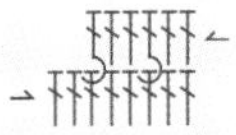

1
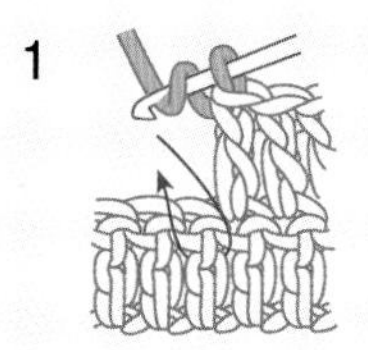

钩针挂线，沿箭头方向，从正面挑前一行针目的根部。

2
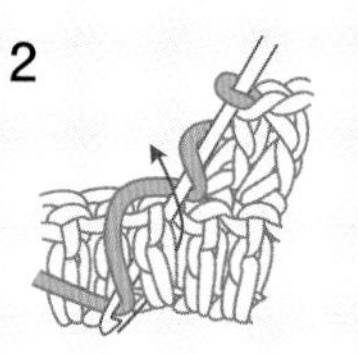

钩针挂线，线圈引拔得稍长一些。

3
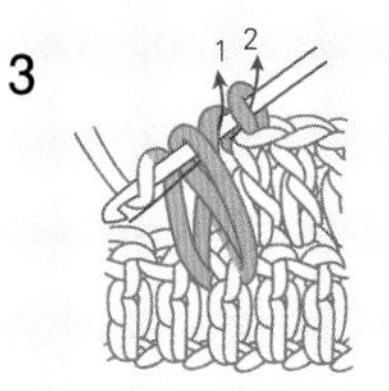

以长针同样的方法钩织。

4
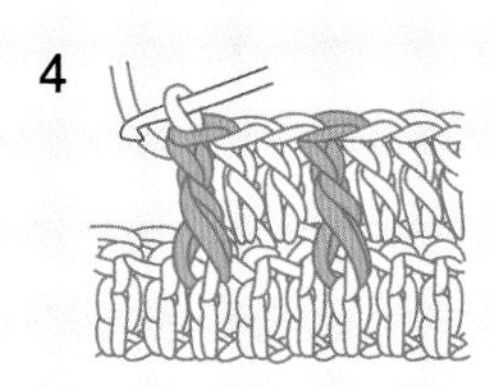

完成。

长针的反拉针

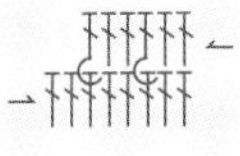

1
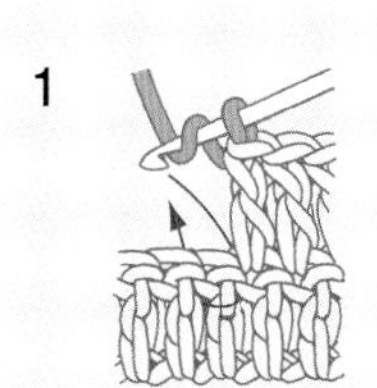

钩针挂线，从背面挑前一行针目的根部，线圈引拔得稍长一些。

2
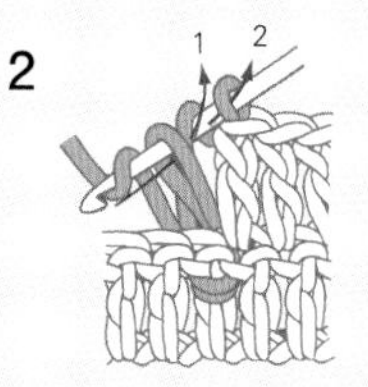

以钩织长针同样的方法钩织。

3
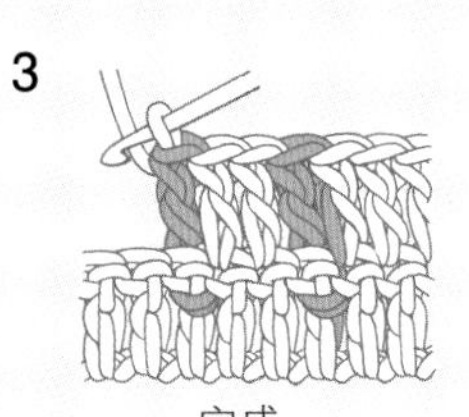

完成。

短针的正拉针

2
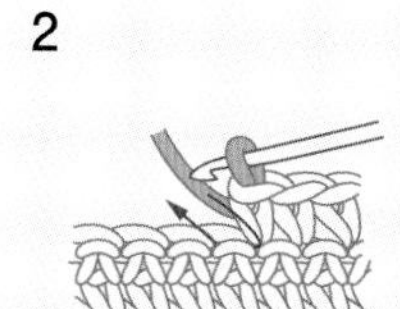

沿箭头方向，钩织插入前一行针目的根部。

2
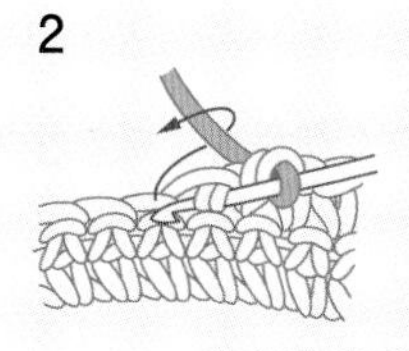

3

钩针挂线引拔，线圈引拔得比短针稍长一些。

4
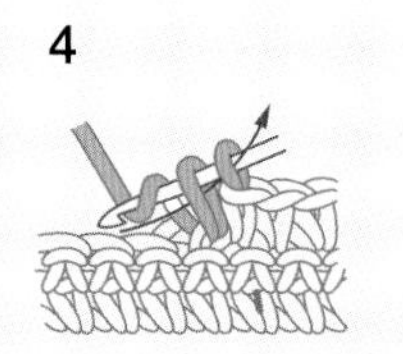

5
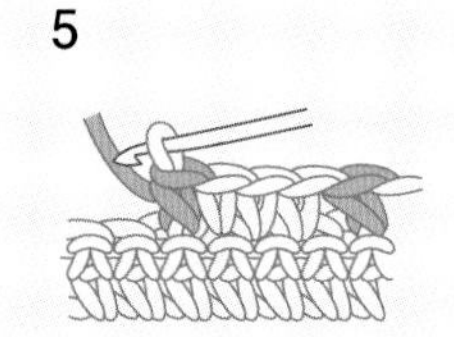

以钩织短针同样的方法钩织。

短针的反拉针

1
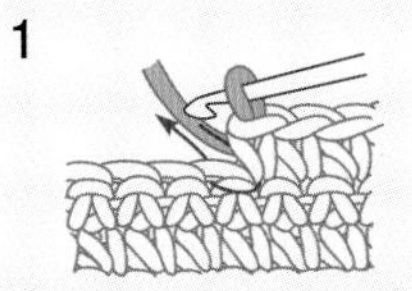

钩织从背面插入前一行针目的根部。

2
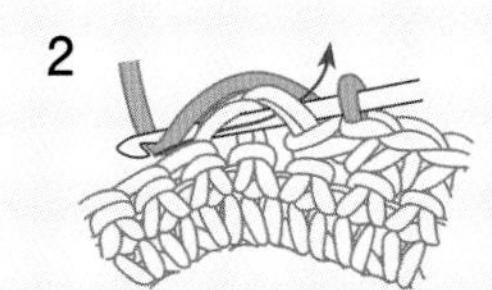

钩针挂线，沿箭头方向，引拔至织物的背面。

3
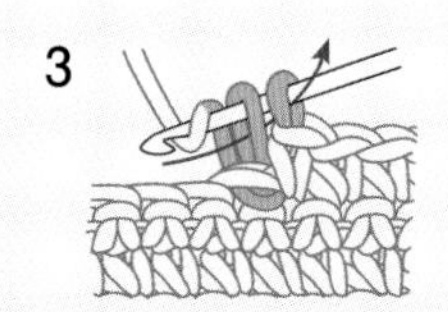

线圈引拔得稍长一些，以钩织短针同样的方法钩织。

4
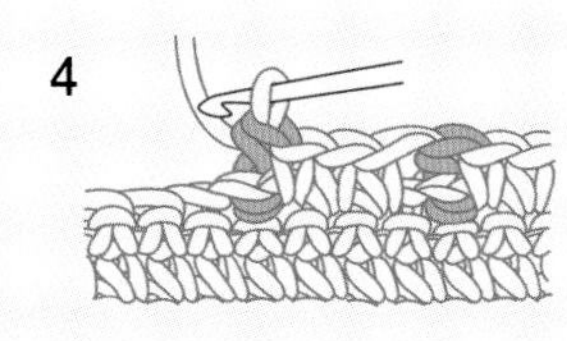

完成。

长针交叉

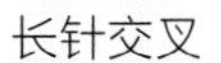

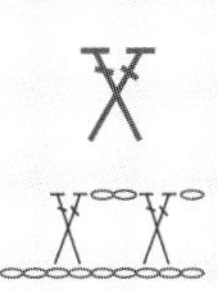

1 先在后一针针目上钩织长针，钩针挂线，插入前一针针目。

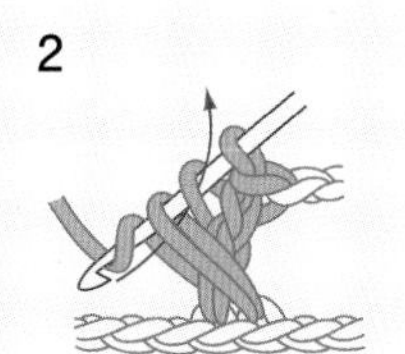

2 钩针挂线引拔，钩织长针。

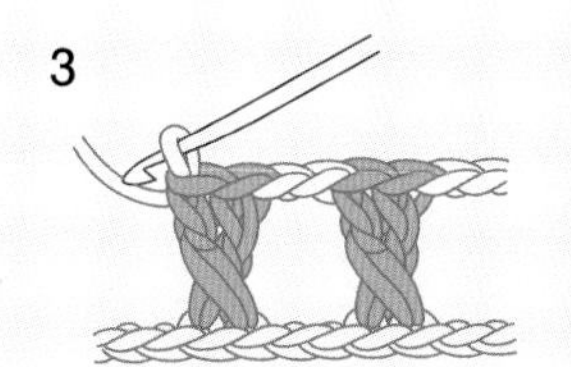

3 用后钩织的1针包住之前钩织的1针。

【钩编开始】

◎挑锁针的半针和背面的里山

锁针起针的钩织方法

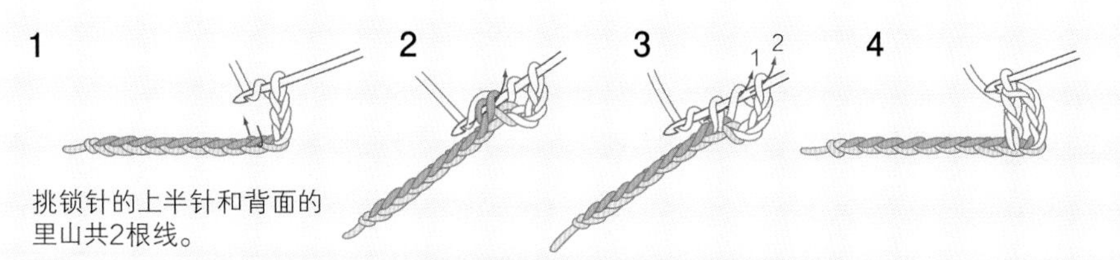

1 挑锁针的上半针和背面的里山共2根线。

2

3

4

◎仅挑背面的里山

可以完整地保留起针的锁针针目。

线头绕线环起针（绕1圈）

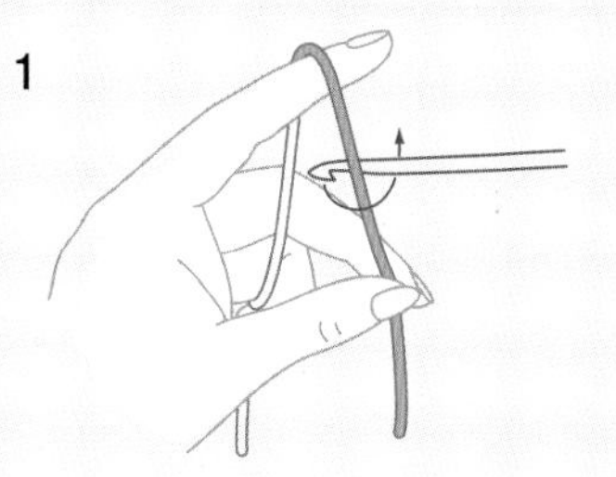

1

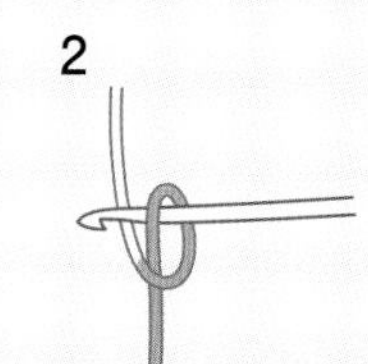

2

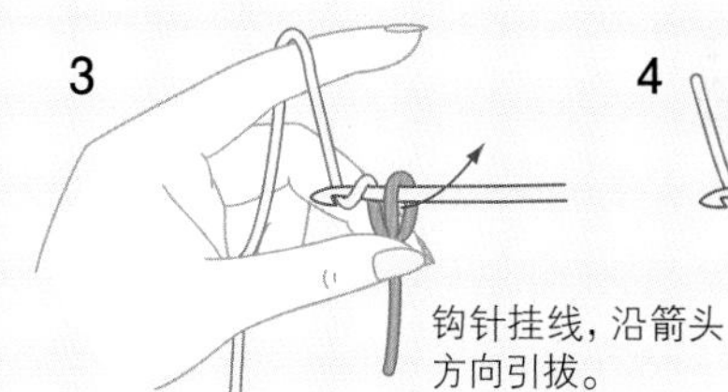

3 钩针挂线，沿箭头方向引拔。

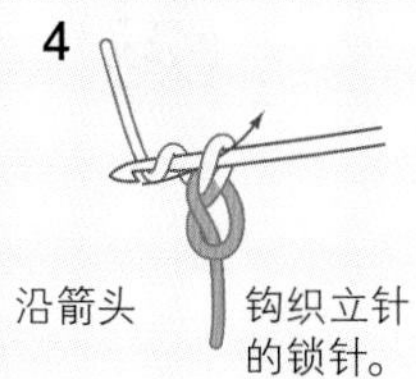

4 钩织立针的锁针。

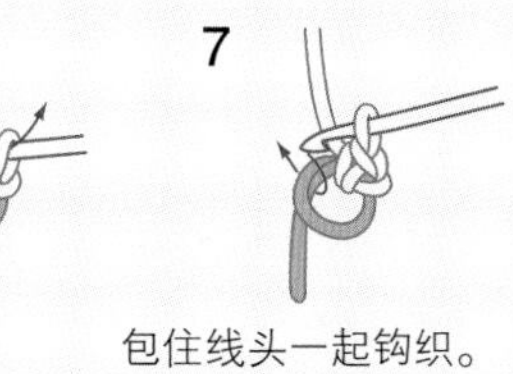

5 钩针插入线环中。

6

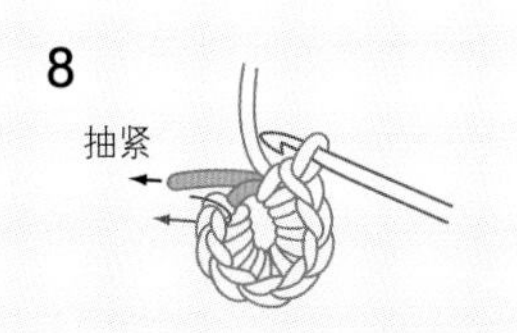

7 包住线头一起钩织。

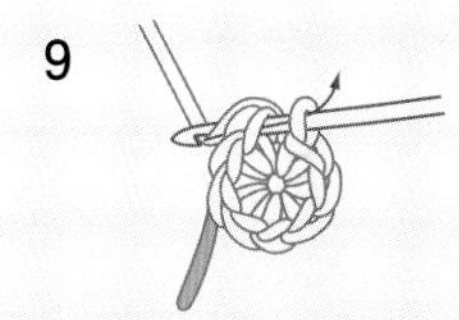

8 钩出需要的针数，抽紧线环。钩针沿箭头方向插入第1针。

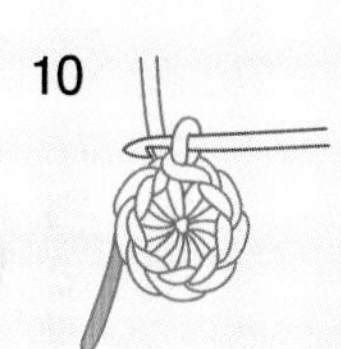

9 钩针挂线引拔。

10

【缝合/拼接】

卷针缝（全针卷针缝）

※书中没有特别标注时，都是全针卷针缝。

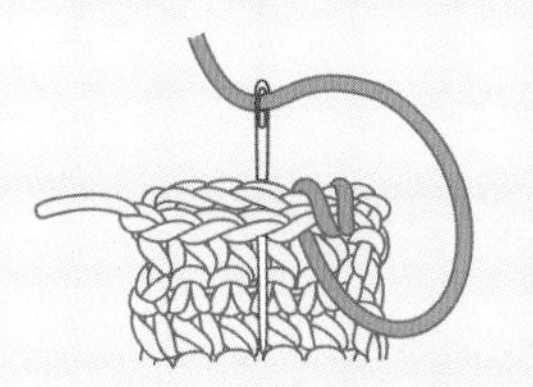

织物背面相对对齐，挑短针每一针针目的2根线缝合。

半针卷针缝

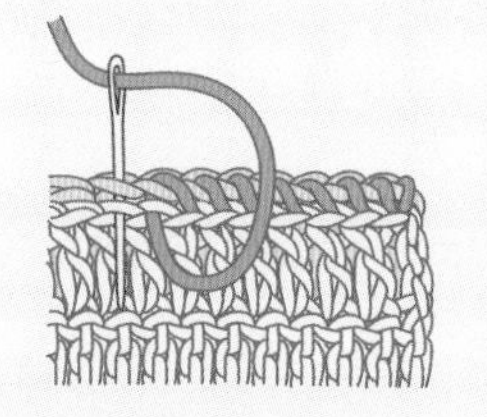

织物背面相对对齐，挑每一针针目内侧的半针拉紧。

【渡线的方法】

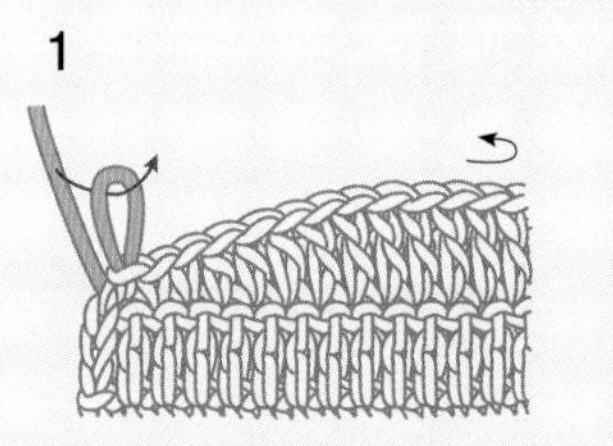

1 拉大线圈，穿过钩织线。将织物翻转至背面。

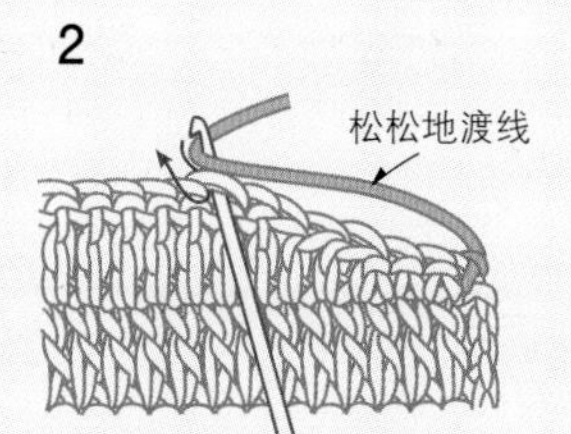

2 钩织下一行。

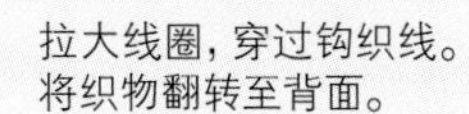

图书在版编目（CIP）数据

一学就会的钩针编织：63款包袋、服饰、家居用品/日本朝日新闻出版社编著；项晓笈译. —郑州：河南科学技术出版社，2024.1

ISBN 978-7-5725-1339-8

Ⅰ. ①一… Ⅱ. ①日… ②项… Ⅲ. ①钩针—编织—图解 Ⅳ. ①TS935.521-64

中国国家版本馆CIP数据核字（2023）第195625号

出版发行：河南科学技术出版社
地址：郑州市郑东新区祥盛街27号　邮编：450016
电话：（0371）65737028　65788613
网址：www.hnstp.cn
策划编辑：梁莹莹
责任编辑：梁莹莹
责任校对：崔春娟
封面设计：张　伟
责任印制：张艳芳
印　　刷：河南新达彩印有限公司
经　　销：全国新华书店
开　　本：889 mm × 1194 mm　1/16　印张：8　字数：290千字
版　　次：2024年1月第1版　2024年1月第1次印刷
定　　价：65.00元

如发现印、装质量问题，影响阅读，请与出版社联系并调换。